INDOOR HAND-DRAWING TRILOGY: THE BASIC VOLUME

INDOOR HAND-DRAWING
TRILOGY:THE BASIC VOLUME

室内手绘进阶
三部曲／基础篇

周 雪 著

辽宁美术出版社

图书在版编目（CIP）数据

室内手绘进阶三部曲．基础篇 / 周雪著．— 沈阳 ：
辽宁美术出版社，2017.9
ISBN 978-7-5314-7672-6

Ⅰ．①室… Ⅱ．①周… Ⅲ．①室内装饰设计—建筑构
图—绘画技法—高等学校—教材 Ⅳ．①TU204

中国版本图书馆CIP数据核字（2017）第146750号

出 版 者：辽宁美术出版社
地　　址：沈阳市和平区民族北街29号　邮编：110001
发 行 者：辽宁美术出版社
印 刷 者：沈阳博雅润来印刷有限公司公司
开　　本：889mm×1194mm　1/16
印　　张：9
字　　数：240千字
出版时间：2017年9月第1版
印刷时间：2017年9月第1次印刷
责任编辑：彭伟哲
封面设计：王　楠
责任校对：郝　刚
ISBN 978-7-5314-7672-6
定　　价：48.00元

邮购部电话：024-83833008
E-mail：lnmscbs@163.com
http://www.lnmscbs.com
图书如有印装质量问题请与出版部联系调换
出版部电话：024-23835227

「目录」

「表现工具介绍」

签字笔、A3 或 A4 复印纸、马克笔、色粉等。

钢笔或普通签字笔：是勾勒线条的主要工具。笔尖需要略带弹性，可使线条更生动且富有变化，并能绘制粗细、深浅等不同线条，同时要求画感滑爽、流畅，线条表现不易断开。

马克笔：马克笔是在线条勾勒的基础上进行上色的绘画工具，其中最为常用的为油性马克笔，笔头斜向设计，用来画笔触大小的变化效果；也可以用不同粗细的面来概括物体的结构、色彩的特征，效果生动灵活，高度概括，是设计表达最为常用的工具。

色粉笔：彩色粉笔的简称，一般是在马克笔上色之前使用，主要用于调和总体色调及大面积的渲染和过渡，如地面、天花、灯光效果等处理，纸巾和手都可以作为调和色粉笔的工具。

彩铅：彩铅比较细腻，容易控制，同时有些彩铅具有溶于水的特点，与水混合能表现浸润感，画面细腻柔和，可以和马克笔配合使用，多用于颜色过渡，做出渐变层次，弥补马克笔颜色不足的缺憾。

纸张：一般纸张即可，常用的有复印纸、马克纸等。

提白笔：一般用于完稿之后点高光或强调形体边缘，若能表现得恰到好处，最好少用，尽量自然留白。

「徒手表达在现今设计行业当中的应用」

1. 草图

作为设计师表达前期设计方案的重要手段，徒手表现具有重要的作用，设计师在拿到一个设计项目时，设计者需要了解整个项目周围的环境、设计场地、设计类型及甲方意图等信息，对这些信息，设计师需要充分了解之后，在前期设计的过程当中，需要把设计的想法快速地表现在纸上，这时手绘起到了作用，很多设计者会体会到，方案的初期形成在脑中是转瞬即逝的，有时想法出来时，没有保留它的话，很快就会忘记，就像做梦一样，醒了，想不起来梦里有什么，所以，快速表现就是为了把设计想法快速记录下来的手段！它不仅帮助设计者完成从脑中方案的构思到表现到纸上的概念效果，还能帮助设计者在其中反复推敲设计方案和深化设计的细节，而这种草图式表现也可以很流畅、很概括、很抽象，为使设计的过程不受任何制约和限制，这种前期设计构思的过程是当今电脑制作所不可替代的表达过程，也应是设计师设计能力及绘画基础功底水平的体现。

2. 方案概念图或效果图

草图是设计师为了将自己脑中最初的想法诉诸笔端，而方案概念图、效果图则是设计师与团队及甲方进行初期交流的有效方式。虽然草图是设计师本人的重要参考对象，但随着设计师对整个项目的理解和不断深入，这些图纸对于共同参与项目的设计组成员来说尤为重要。因为参与者都要清楚知道项目的最终目标，而具体的项目目标，通常蕴含在这些设计图纸里。

画给团队或前期汇报的手绘图相对正式。因为设计师会在讨论之前对自己的想法做更为细致的诠释，让自己的设计理念一目了然，所以会尽可能地避免模棱两可或表意不明的地方。

第一天
「徒手画线条」

空间效果图的表现追溯到最基本的形态就是线条，线是表现的灵魂，线条的张力、深浅、虚实变化能够丰富效果图的形式，也是空间中体、面的必要组成部分。

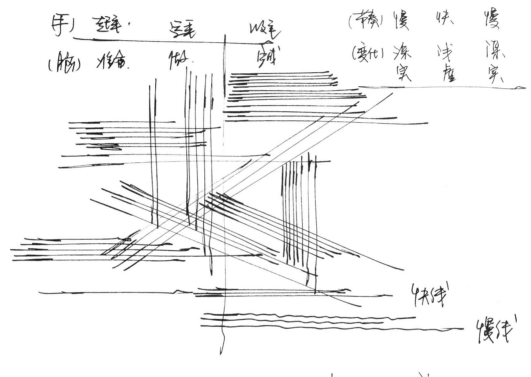

在画线的过程中，我们平常画线是很平淡的、单一的、没有变化的，而徒手表现当中的线条不像普通的线，要求线条要有张力、有变化、有虚实、有深浅，同时也是手和脑之间的配合，这时，我们画线就要注意徒手当中线的起笔、运笔、收笔。脑配合着准备、做、完成；起笔是开始画线的思考和准备过程，准备线往哪个方向去，到达哪里停止，运笔是做的过程，在这之中不需要想，同时速度要快，而收笔是线的结束和收尾，一条线完成，就像书法一样，书法其实就是一种线条的体现。线条是由手、脑之间的相互配合形成的。注意画时曲线的流畅度。

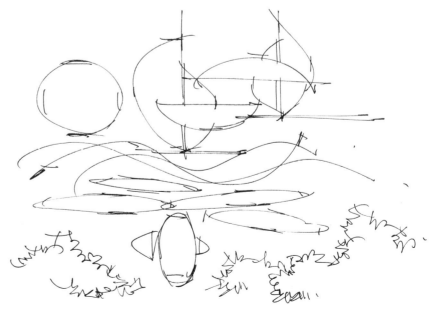

空间中的线条有不同形态的，其中最为常用的有横线、竖线、斜线、圆、弧、不规则曲线等。

横线的画法：纸放平，和桌子对齐，放在正前方偏右的位置，手和笔形成垂直关系，笔和纸的角度为45度左右，手握笔要放松，手掌侧面要与纸贴合，手掌的感觉可以握一个鸡蛋，画的过程中要大臂带动小臂，相当于手、腕、肘关节一起平行运动，如果只是手和腕在动，短线可以，但长线就会形成弧线，这时加上肘关节，你的线就会画得很直、很准。

竖线：这时手和笔成平行关系，同样手、腕往下滑动，加上肘关节垂直画线。竖线强调整体的连贯性、流畅性，注意线条整体上是直的即可，不必要求像尺规一样直，那样的话也就失去了徒手线的表现张力，缺乏艺术性，反而会呆板。

斜线：斜线画法和横线一样，同样拿笔姿势不变，在纸上定出线的方向，或在画面中定出两个点，点和点之间连线，形成斜线（透视线），画的过程中要注意线的准确度。

圆、弧线：画圆和弧线过程中注意线的流畅度，画前先定点，点和点之间连接画成圆或弧，画前可以先反复比量下，画的过程中要一气呵成，不能拖泥带水，慢慢地去画或描线会破坏线的流畅度和整体性，反而线就没那么漂亮了。

不规则曲线：这种线是不规则的，会觉得有些乱画的效果，其实不然，它还会有它的规律在里面，不规则线一般我们用于表现室内植物的形态，也是一种常用的线条方式，是一种凹凸形，不规则线要有凹凸起伏变化，同样线要有转折变化，随着形体去表现，转折的越多越丰富越好，以上所说的线条都需要通过大量练习来达到绘画徒手线的基本能力。

第二天
「由线到平面几何形分割」

平面构成是视觉元素在平面上按照美的视觉效果进行编排和组合的，它是二维空间的构成，是视觉传达艺术设计的基础，是探讨和研究平面设计中基本要素的构成关系、形成规律及应用等问题。而在空间表现当中，由点连成线，由线形成平面。这个过程是把线转换成体的过渡，所谓没有平面形态，空间的立体效果就不成立，所以平面在空间当中具有承上启下的作用。

刚开始画形时，要注意以下几点：

1. 在练习过程中，尽量做正方形的练习，这样可以控制线的准确度、线的长度、线的疏密，使线受到一定约束。这个过程中，思考如何让线的长和短一致、准确，这就需要我们画线时要手脑兼并来控制线的起和止，用脑思考线所应到达的位置，并控制手来帮助完成，这样更有助于锻炼和养成用脑来支配手去完成整个画线过程，来帮助我们画出想要的效果。这个过程不单是我们之前随意画线，没有约束的状态了，那种状态是不需要控制，只需画出线的感觉来即可，而画形是要在其基础上做到对线的把握以及要能把线画得收放自如。

2. 画形时，要注意线和线之间的交接，线和线之间交接位置可以出头，但不可以断开。出头多少是没有限制的，不控制出头的长度会像草图一样，给人注重方案构思的表达，而不追求画面工整，主要是给自己看的；而控制出头的长度可以给人以严谨的效果，也是为了让甲方或设计团队成员能够看懂，并逐一下达任务和深化方案。

平面的分割构成：

比例分割：按比例等分是指在平面形态上进行按比例分配或面积相等的切割，构成形式比较严谨，具有规律性和统一性。

自由分割：自由分割是指分割大小、形态、方向比较自由、随意，这种分割所形成的效果变化丰富、生动、灵活、自然。但变化的同时也要注意其中的规律性，遵循形式美规律法则，注重对称与均衡、节奏与韵律、多样与统一、主从与重点等形式美规律。

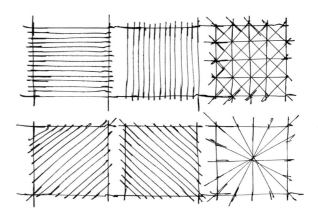

线的练习

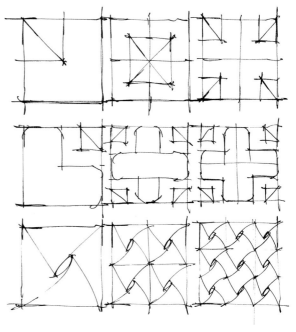

比例分割

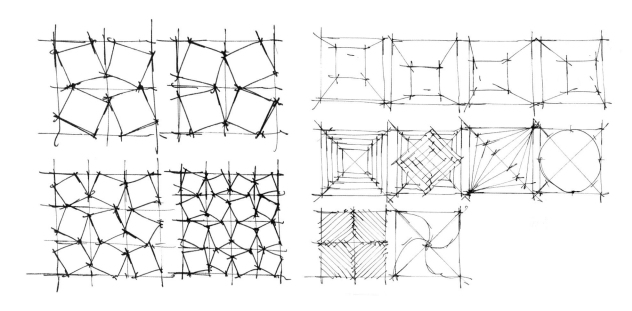

比例分割

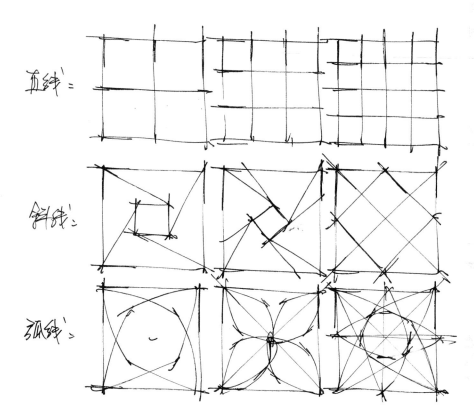

二维平面比例分割

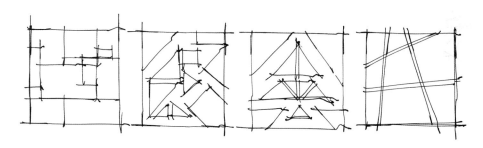

不规则分割

第三天

「透视」

空间与透视关系密不可分，所以接触空间时我们要先了解透视的定义。

一点透视定义：水平的线平行于画面，竖向的线垂直于画面，斜向线消失于一点所形成的透视叫一点透视，也叫作平行透视。

一点透视的优缺点：

优点：一点透视的空间当中，能表现天花、地面、左中右墙五个面，表现空间的面相对较多，所以空间表现场景大，表现物体多是一点透视的一个强大优势。

缺点：同样，在一点透视中，水平的线和竖向的线比较多，这种线条给人的感觉是平稳、安定、变化不多，所以组成的空间画面给人的感觉比较中规中矩、呆板不生动、变化少，这也就形成了一点透视的弊端。

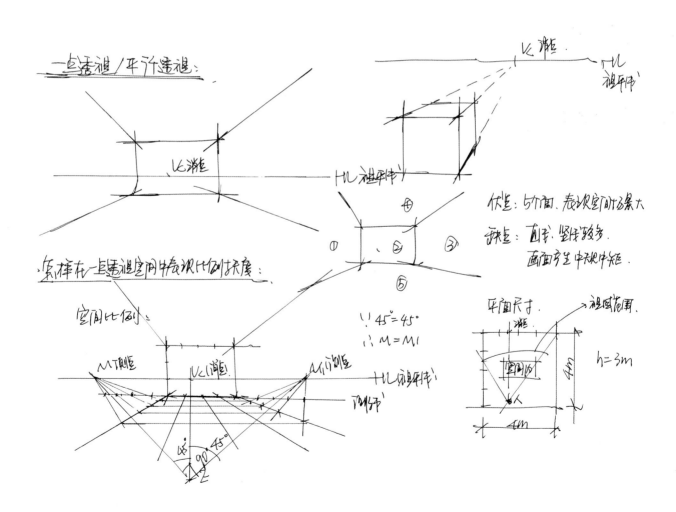

两点透视定义：竖向的线垂直于画面，斜向线各自消失于各自的消点，例如，左边的消失线找右边的消点，右边的消失线找左边的消点，两个消失点在一条水平线上所形成的透视叫作两点透视，也叫作成角透视。

两点透视的优缺点：

优点：透视当中的水平线因找透视变成了斜向线，所以画面当中斜向线较多，这就使得空间画面生动、活泼、自由，富有动感变化，并且画面不呆板。

缺点：因两点透视大多为表现空间局部效果，画面中表现的面相对于一点透视少了一个，形成了四个面，所以表现的空间物体相对较少。另外，两点透视不易控制，视野较小，形成的角度容易产生变形，并且所有横线消失在两个消失点上，而且画面要达到稳定效果消失点会在纸张之外，这样表现几何形体在空间的位置、透视、比例关系要比一点透视难掌握些，所以要在理解透视的基础之上大量练习。

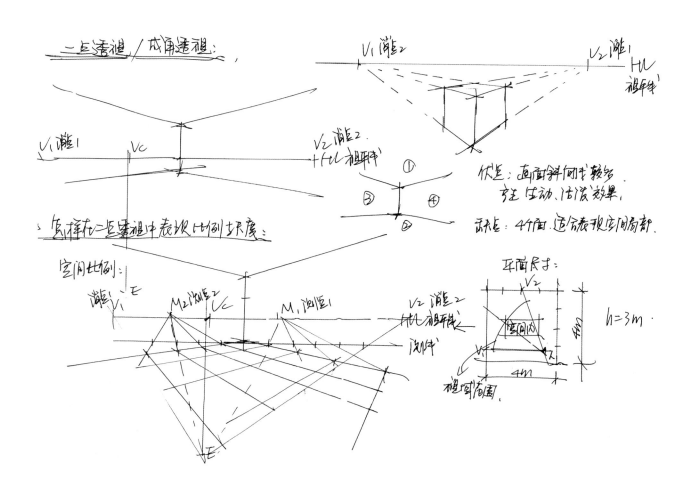

一点斜透视定义：因一点透视和两点透视各有各的优缺点，所以针对一点和两点透视的优点形成了一种透视，那就是一点斜透视，这种透视是介于一点透视和两点透视之间的一种透视，既满足了一点透视的五个面，表现场景大的优点，也满足了两个透视点（因原理关系，一个点消失在纸张以外，并很远），斜向线多，形成画面生动活泼、自由、富有变化的效果。

熟练地运用一点斜透视，能完整地表现空间整体效果，使画面准确生动地表现各墙面的造型、陈设，同时又能产生美感和气势。

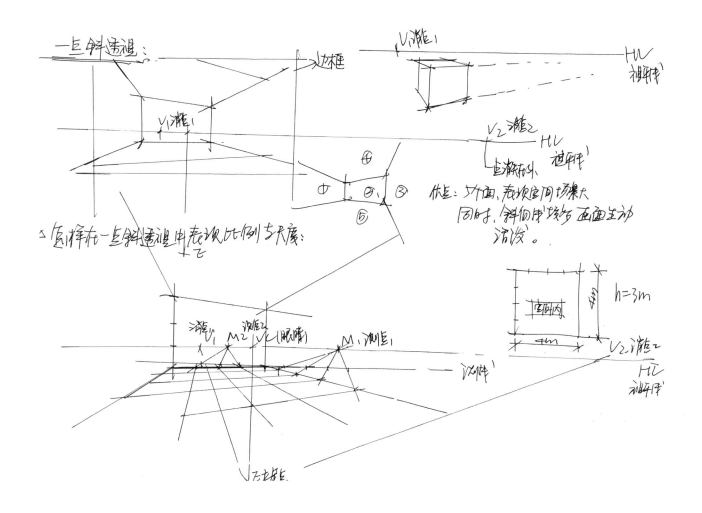

一点透视中消失点与空间角度的关系：

在空间当中，一点透视中的消失点既代表人的眼睛，也是空间中的消失点（也叫作视点），消失点的高与低、左与右代表着人在空间当中处于什么位置，并以人的视角看空间的效果。例如：想看左边多一点，可能人站在右边往左看，如果看右边多一点，人可能站在左边往右看，所以会形成点在左边，右边表现大的效果，或点在右边，左边表现大的效果。同样，如想要看地面，人会站得高一些，消失点便会高，如果想看天花效果，人会蹲下一些，消失点便会低，所以便有了俯视与仰视的效果。消失点的位置决定了空间的效果，也决定了想要表现空间的重点在哪里，哪里是想要突出表现的，这样处理的好处一是不用把空间表现得面面俱到；二是画面效果会形成主次的丰富变化。

同样，消失点的位置针对不同空间类型也是具有变化的。一般消失点的位置处于空间当中 900mm—1200mm 之间，这样家装点的位置在三分之一左右，工装点的位置处于四分之一左右，而酒店、展示空间举架较高的话，点的位置会再低一些。

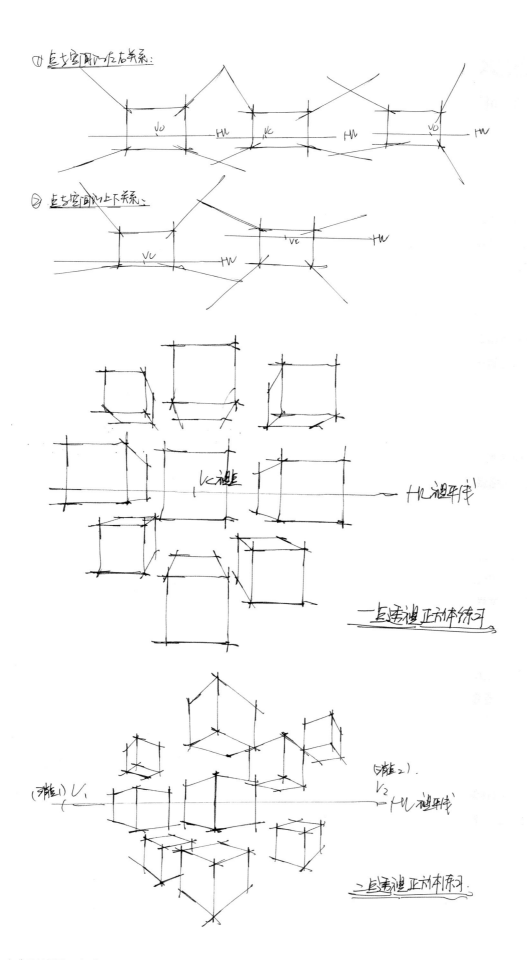

第四天
「由平面到形体空间的转换」

　　从二维平面图建立三维立体空间效果，是设计师创意过程中的重要阶段，对初期草图的整理和对设计的合理布局确定后，按照平面的实际比例、尺寸关系建立空间效果。

　　初期的手绘草图无论是二维的、还是三维的，如果设计概念方案一确定，就要借助二维平面转出三维立体效果图，正确地建立透视比例是这一阶段的关键。这个过程也要借助设计基础中的立体构成原理。

　　立体构成定义：把不同的构成元素有目的地组合，使其具有审美价值，这种构成关系源于包豪斯，构成的发展受抽象主义、构成主义、风格派等影响。

　　在表达阶段，不单单需要考虑设计的构思，还要注重构思表达中线条的流畅、主次、虚实变化等，画的过程要一气呵成，头脑清晰，胸有成竹，内心要带有感情色彩，下笔要有节奏变化，这样你在表现效果时会富有激情，对设计的表现富有欲望，这样效果就会很出彩，同时运笔会更流畅准确。

　　通过以上所述，我们把二维平面通过自己的理解和想象演变成立体构成的形式，一方面，可以培养形体塑造和审美能力；另一方面，也培养形体创造的逻辑体系和对形态的表现能力。

　　1.单独物体分割变化。通过对正方形的不规则分割，和构思各自平面高低错落的形态，从不同的角度观察主体，形成丰富的视觉变化。

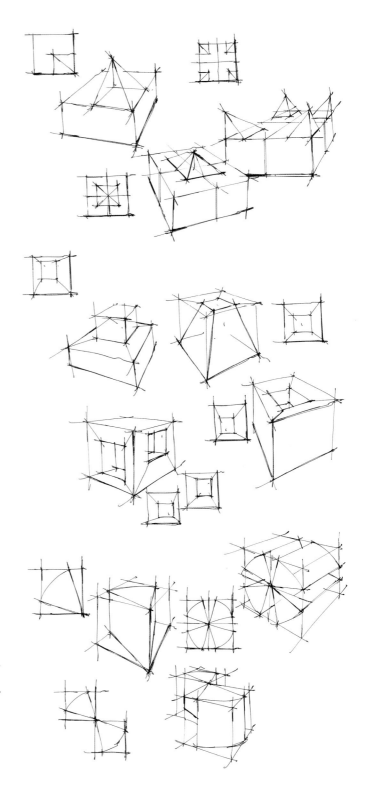

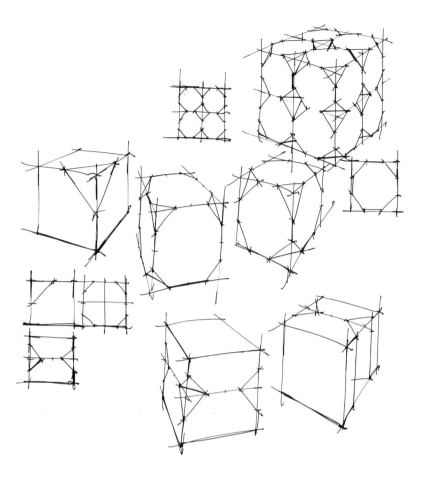

2. 分割重组合变化。通过对形体的分离组合，研究视觉运动和序列的组合变化，利用正方形进行分割，形成多个几何形象，将这些几何形打乱顺序，重新组合拼凑，同时运用聚集、重叠、分散、主从、对比、夸张、统一等手段，使其产生多种不同变化，并从不同角度观察物体，从而得出不同物体角度，形成高低错落、穿插对比、增加效果层次的变化。

3. 创造性分割组合变化。通过构思与想象力，对不同创作形态进行重新组合，可以将它们演变成我们生活中的具象物体形态，所创造出的形体从美学、力学等诸多方面进行思考和创造，使我们的设计更加有深度，更加成熟，更有创意，更具有可行性。

很多大型建筑中的室内空间构架都是由体块穿插和组合构成的，几何形体的形态在空间中无处不在，要善于观察、思考和总结。并在表现上一定要注重整体感。

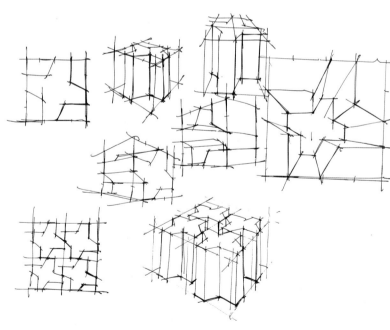

第五天
「调子」

如果我们用线条搭建平面、形体后组成立体结构的话，那调子在立体结构中起到了烘托物体明暗、黑白对比关系的作用，就像基础绘画当中的素描一样，在素描的训练当中，明暗是指物体在形体结构发生转折时产生的黑白明暗变化，而手绘虽然是用线条表现，但其实质是建立在对基础素描明暗调子充分表现的基础之上进行高度概括的结果，确定光源的位置，区分物体的明暗，为的是让物体看起来不单薄，更生动立体，更富有层次变化。

而光影是在较为准确地把握形体整体结构的基础上，逐步加入光影，以简略的明暗关系塑造立体感和空间感。为了获得明晰的光影效果，需要借助较强的光源，并以阴影与透视的原理为指导，更直观、形象地掌握光影造型规律和表现方法。

1. 排调子

在画暗部调子时，离不开排线，排线是练调子的基础，把排线练好，那调子关系就容易掌握了，排调子时，要注意线和线之间的疏密关系。平排可以让调子疏密有度，调子可以平稳均匀，不用让调子变化太多，从头排到尾即可；而调子的破笔是指让调子的排列富有明暗、深浅、黑白变化，不单一、不单调、用调子体现光影的渐变关系。

破笔有两种表现形式，一种为 Z 字形破笔，是指水平排线，到结尾处破出 Z 字形态的调子；另一种为 N 字形破笔，是指竖向排线，到结尾处破出 N 字形态调子。同时要注意的是调子不同于线条，不必特别在意线的起笔、运笔、收笔，但尽量注意调子的头尾和结构线的相接。

2. 阴影的表现方式

阴影的大小决定了物体的黑、白、灰分配关系，正常的黑、白、灰分配比例对物体来说是有一定关系

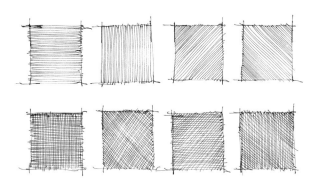

平排调子

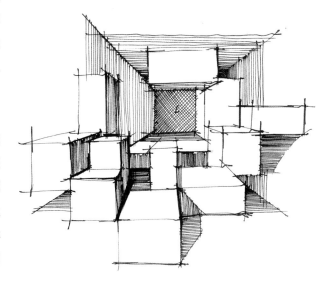

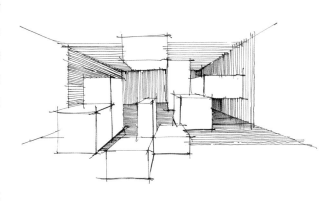

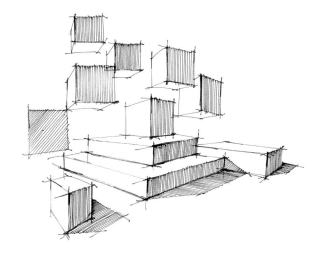

的，同样也决定了效果图的整体性。一般以物体来说，黑色的位置为一少部分，白色的位置为一少部分，大部分为中间调，中间调依次由深灰向浅灰过渡，所以物体是要靠黑白拉开明暗的对比关系，靠深浅过渡来丰富物体的层次。

3. 阴影的位置和大小

物体阴影的产生是依照光源的方位和高低决定的，方位是指东南西北，太阳从东升起，由西落下，所以阴影在前在后是由方位决定的，光源的高低决定了阴影的大小，光源越低，阴影越大，光源越高，阴影越小，如果光源处于正上方，那物体阴影基本就没有了，这样的变化使得阴影过大，黑色面积变大，画面效果重色变多，比例不协调，阴影过小，亮色过多，物体显得飘，形成不压重的效果。因此，最佳光源正常情况下最佳入射角度为45度即可，模拟上午十点和下午两点左右的光源，阴影不会太大，也不会太小。

4. 阴影调子的排列方向

阴影调子的表现是在调子排线的基础上，不破坏透视的情况下随透视表现，这样的好处在于加强空间透视的稳定性，达到整体效果上的一致。

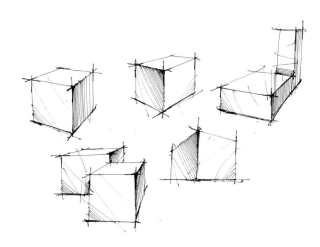

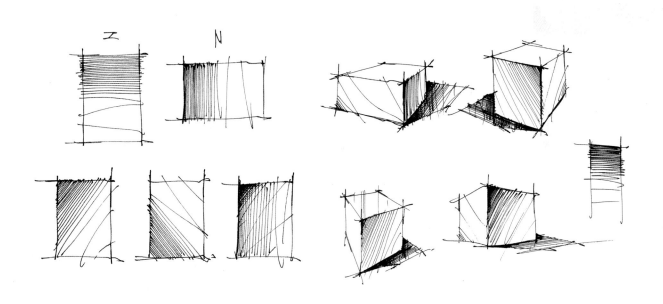

渐变排列调子

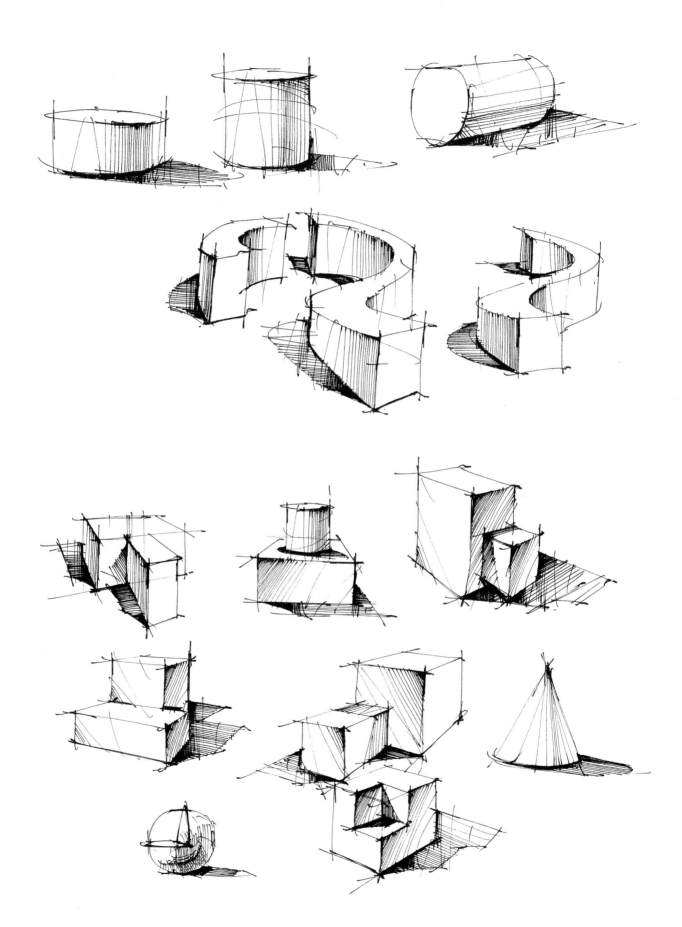

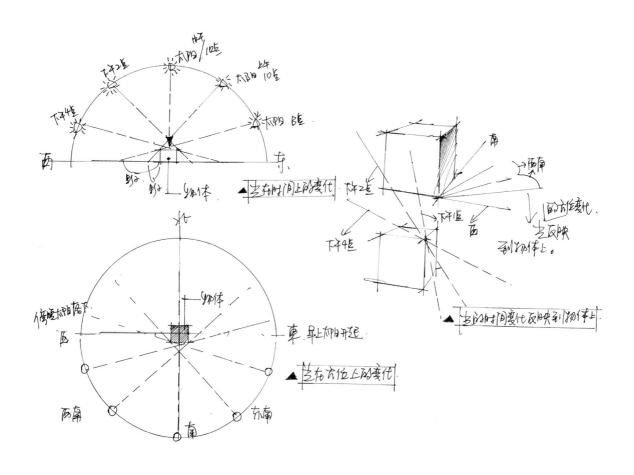

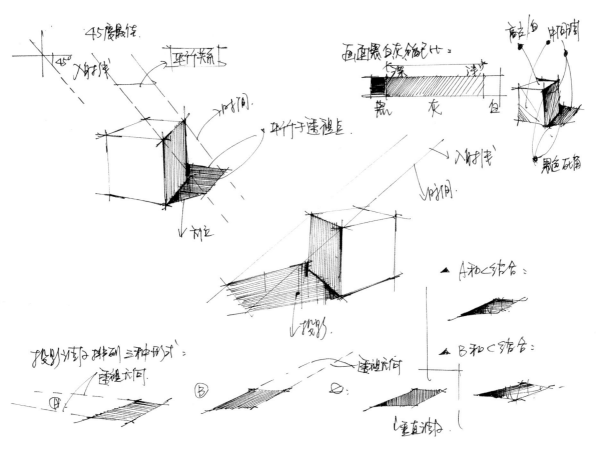

第六天
「几何体套单体陈设——沙发、床、柜子、卫浴」

  陈设是室内设计的重要组成部分，是空间设计的深化和发展，也是空间软环境的再创造。空间设计和陈设有着共通的属性，按照对造型、色彩等功能需求和审美法则，进行合理的布置与规划，通过陈设的搭配体现空间的品位与内涵，家具造型也能体现空间风格，是软装饰搭配统一、一致的体现。沙发、床、柜子、卫浴是家装设计中常用的陈设物体之一。

  任何复杂物体的表现都离不开几何体，室内空间也是如此，比如沙发、床等物体，无论它的形状有多复杂，你不妨把它退回最原始的形态——几何体，这样比较容易入手。

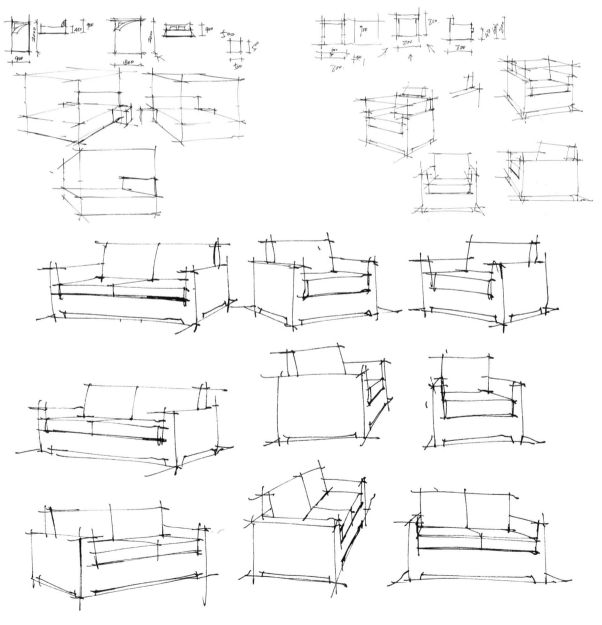

从几何体的练习转换到室内陈设。在这个过程中，只要脑中有了体的概念，就可以按照物体陈设的基本尺度和比例关系来进行结构上的划分，然后在其基础之上进行刻画，要学会把物体的造型从几何体中，运用"加"与"减"的方法表现出来，这是进行物体训练时把握整体比例和透视的有效方法，并且很适合初学者使用，熟练后就可以脱离几何体的"框"。

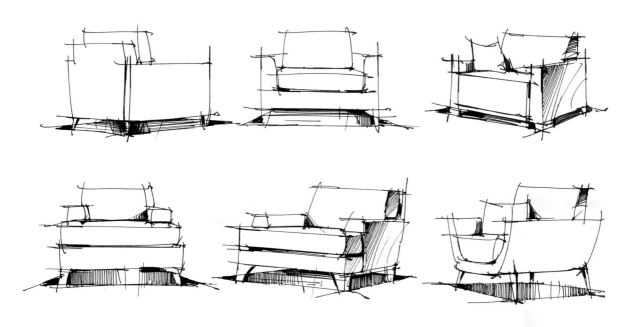

下面我们来进行一些沙发的练习，线是塑造形体的主要手段，这个阶段的主要目的是用线来表现单体的正确形态。

沙发的尺寸在实际生活中有单体沙发，双人沙发，L形转角沙发，放到一起形成组合式沙发，同样风格上也有不同变化，例如中式、欧式、简约等。

1.画沙发时，我们先要了解沙发的尺寸，单人沙发一般的比例接近正方体，舒适一些的沙发尺寸在L:900mm、W:900、H:870。

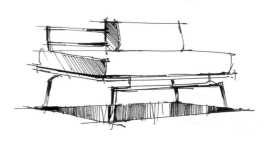

2.根据这个尺寸画出一个偏正方体的几何体，不管是采用一点透视还是两点透视，一定要透视准确，在其基础之上找出主要面，给出座面、扶手、靠背等高度，随透视进行"加"与"减"的变化。画出沙发结构。

3.在其结构基础上用调子来表现物体的明暗效果，并对其进行细节表现。

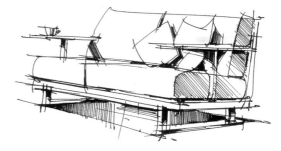

通过几何体表现沙发的透视、结构、比例，这个过程通过大量练习之后，即可以脱离"框"来表现物体，这样来表现物体更轻松、自然。

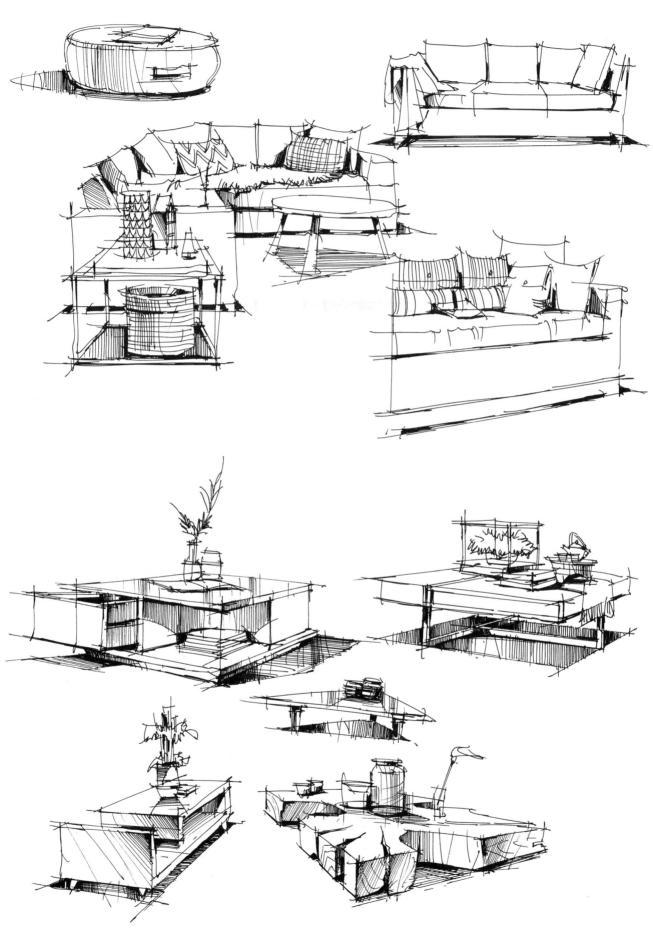

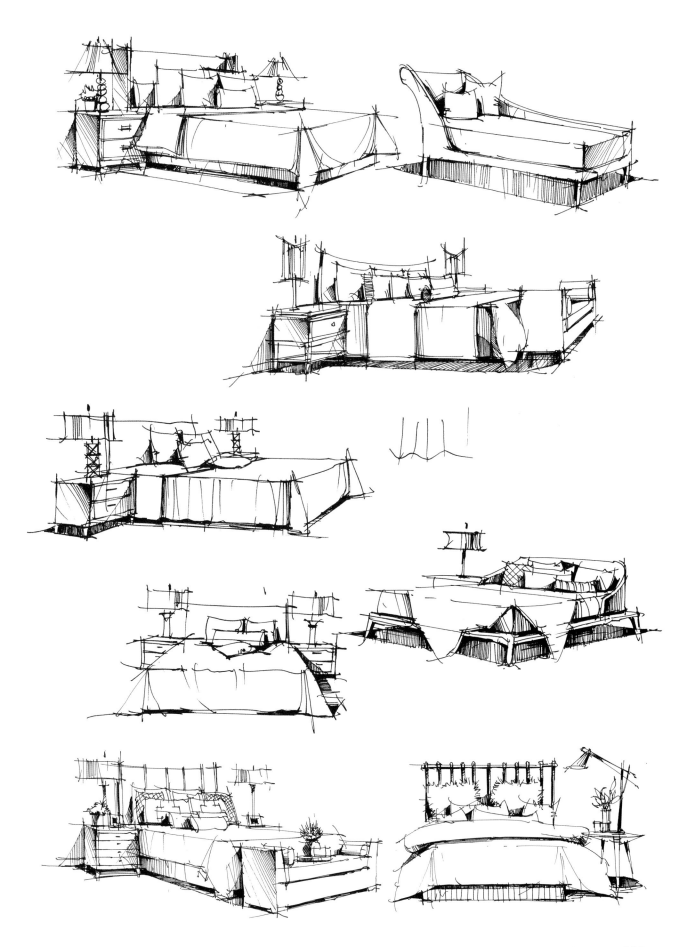

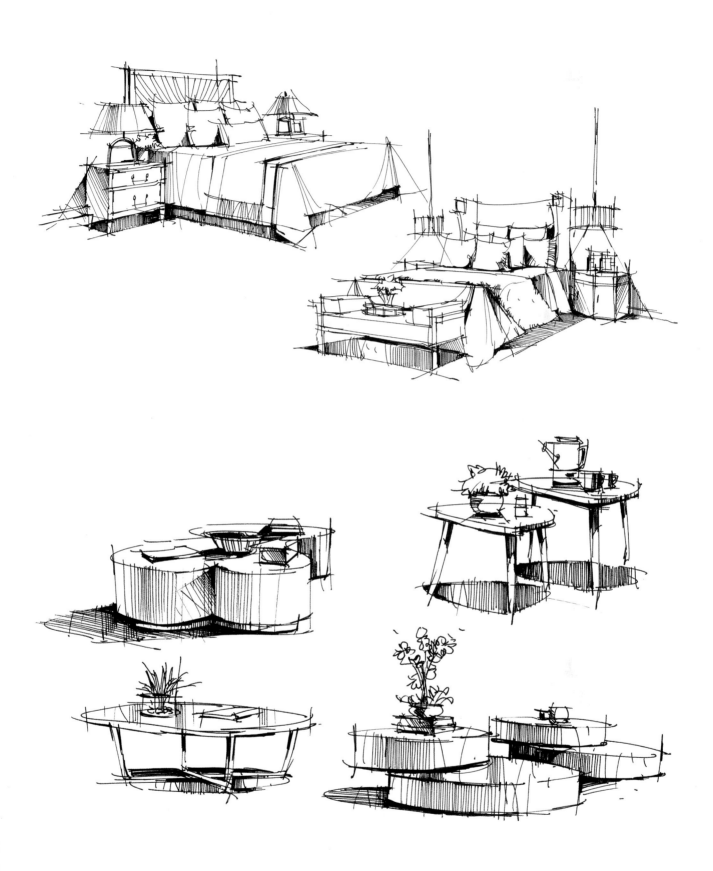

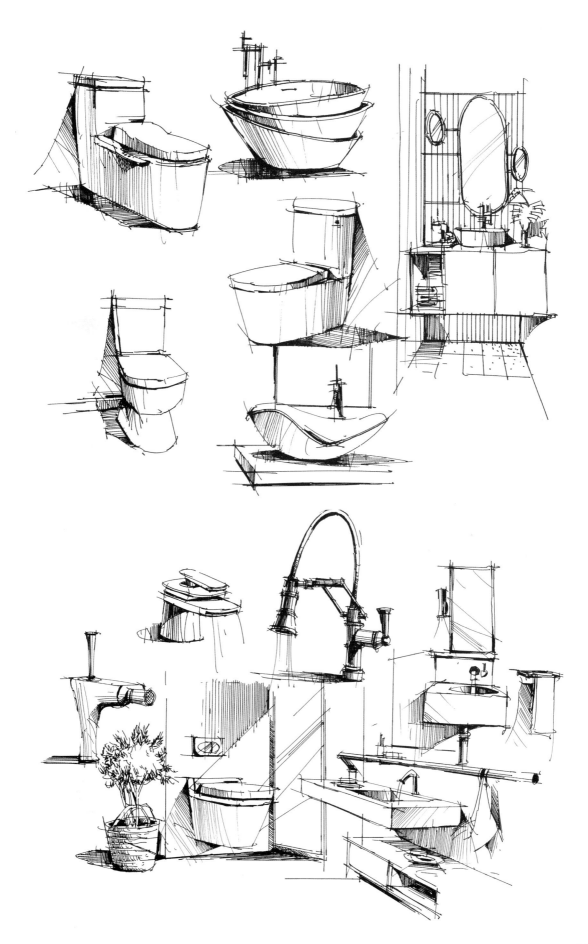

第七天
「陈设——椅子、桌子」

椅子和桌子不仅在家装空间中常出现，同样也常在餐厅、酒吧、咖啡吧、办公室等空间当中出现，在满足功能需求的同时要具有一定的造型设计。

在画椅子的时候，也要遵循立方体的概念，按比例给出轮廓，在其基础上做造型表现。

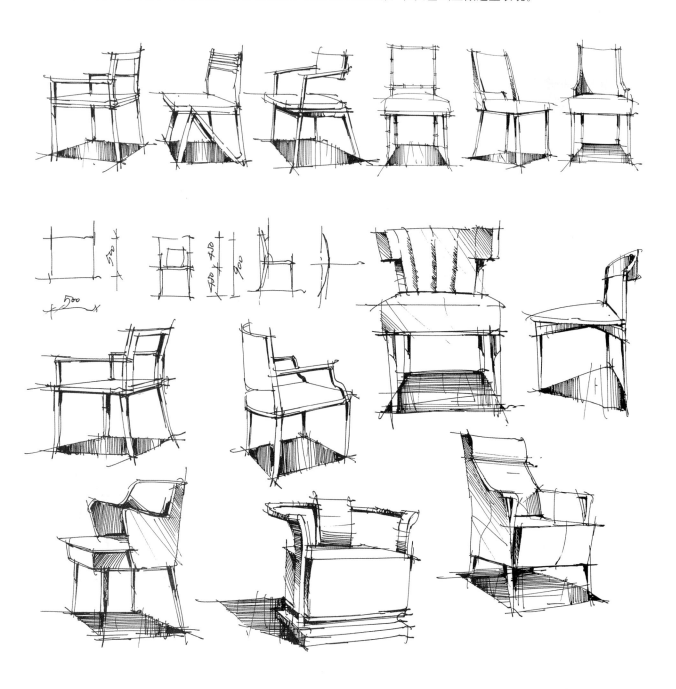

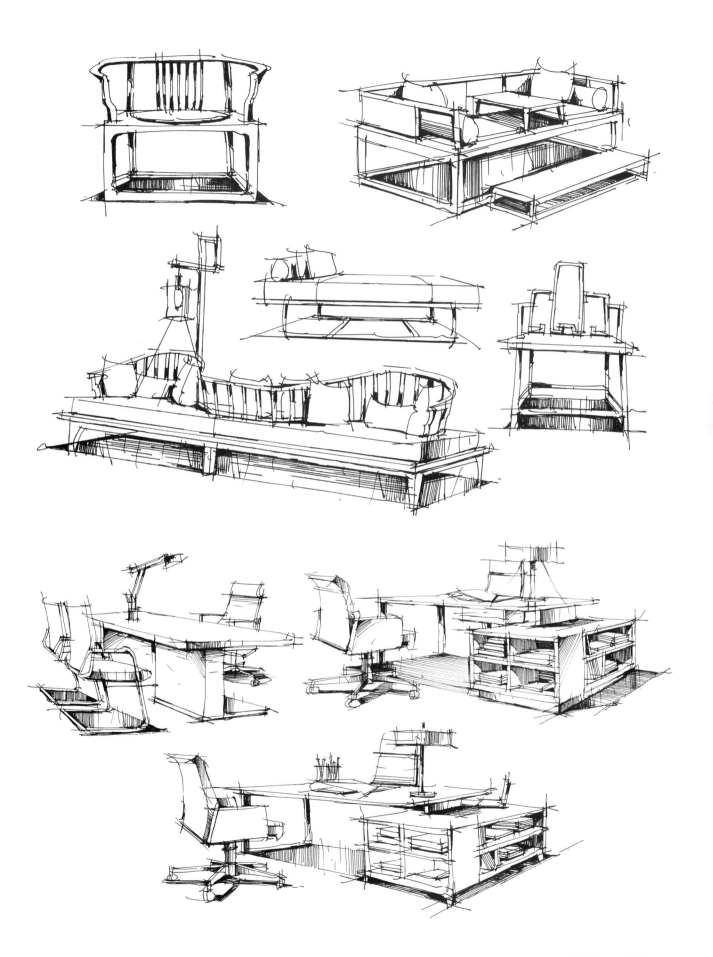

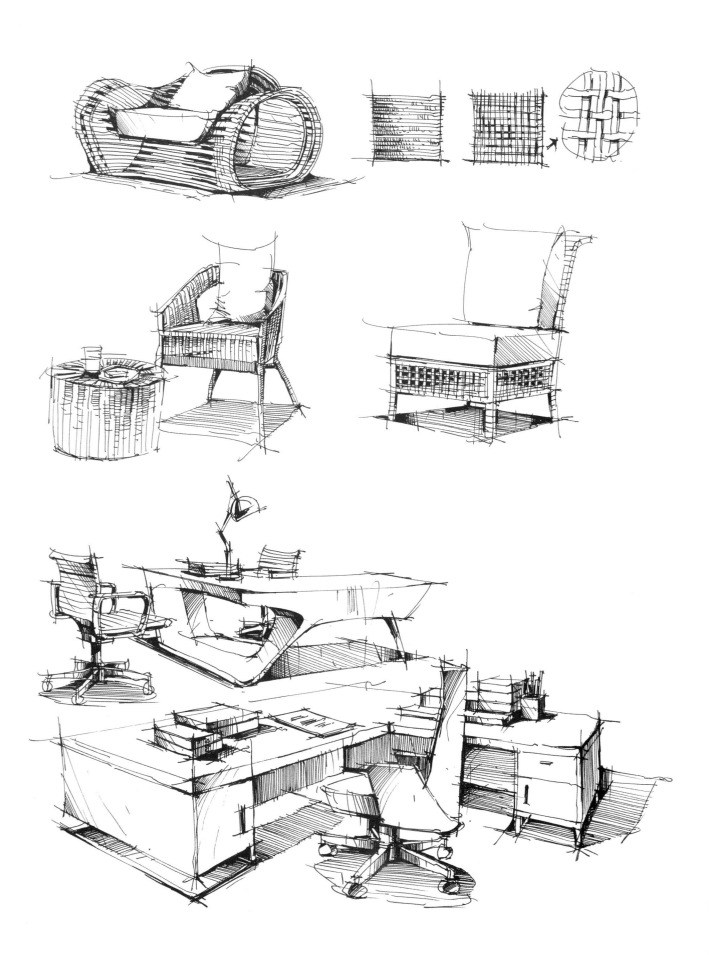

第八天
「陈设——展示、陈列」

　　展示空间设计是建立在环境艺术基础之上的设计类别，展示设计是一门新兴学科，并且具有很强的专业性和艺术性。展示空间包含商业展示设计和文化展示设计，在这当中的陈设类型包括商业橱窗、主题造型的形式、展台、展柜、展板、导视等，并配合展示形式，为展示内容服务，具有功能性和形式感。在设计风格与空间主题上形成统一和谐，具有很强的冲击力以及科技性、当代性和艺术性。

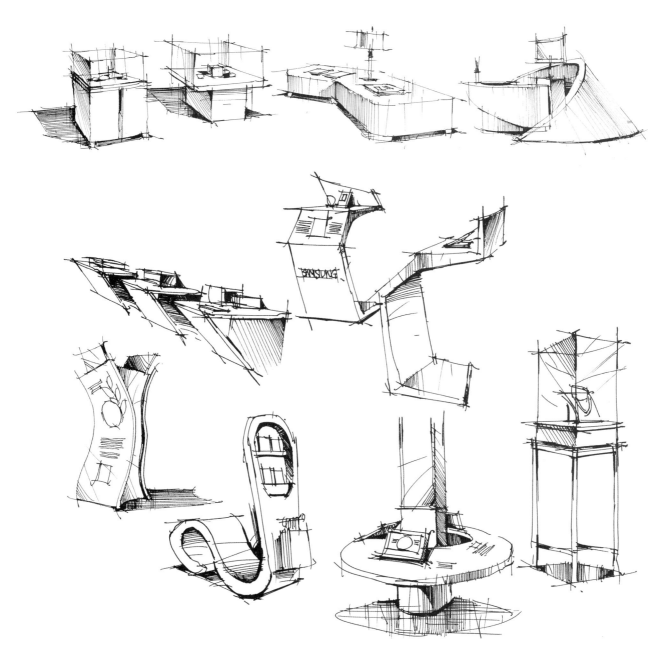

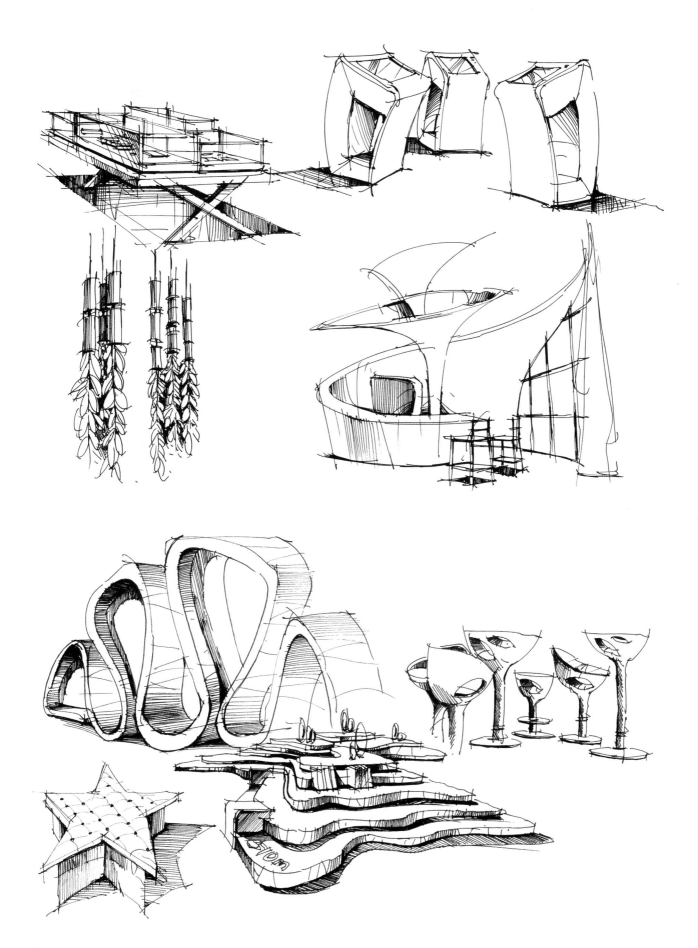

第九天
「陈设——组合训练」

　　陈设组合概念训练是建立在单体训练的基础之上的，因此要具备很好的单体表现能力，有了这样的能力，再试着把单体放在同一空间，进行有秩序的摆放，这较之于单体训练来说，有一定的难度。

首先要考虑单体之间的组合所在地面的位置关系，先建立物体底面进行定位，之后形成高度，相当于通过平面起立体，这个过程是一个思维转变的过程，由二维转换成三维，先把本来较为复杂的物体简单化，画成几何体，这样做的目的是为了让物体之间的关系形成有机的联系，透视的准确性，单体之间比例尺度关系的正确性，构图的完整和完美性。用这种方法进行训练，是将物体的"框"进行正确的组合，再把它们刻画成之前练习的单体，这样就能快速解决物体之间的透视、比例的关系了。

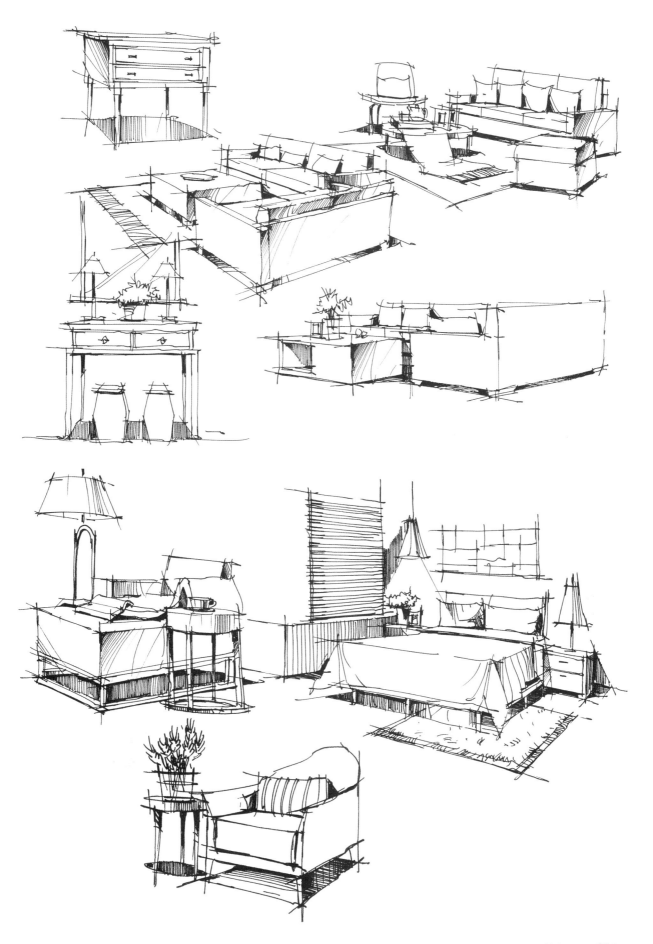

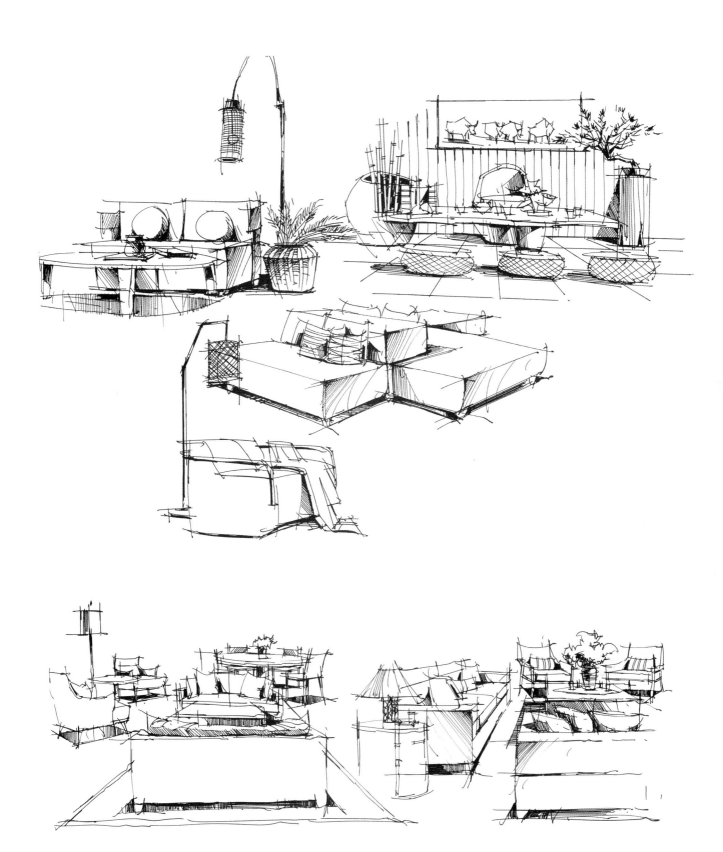

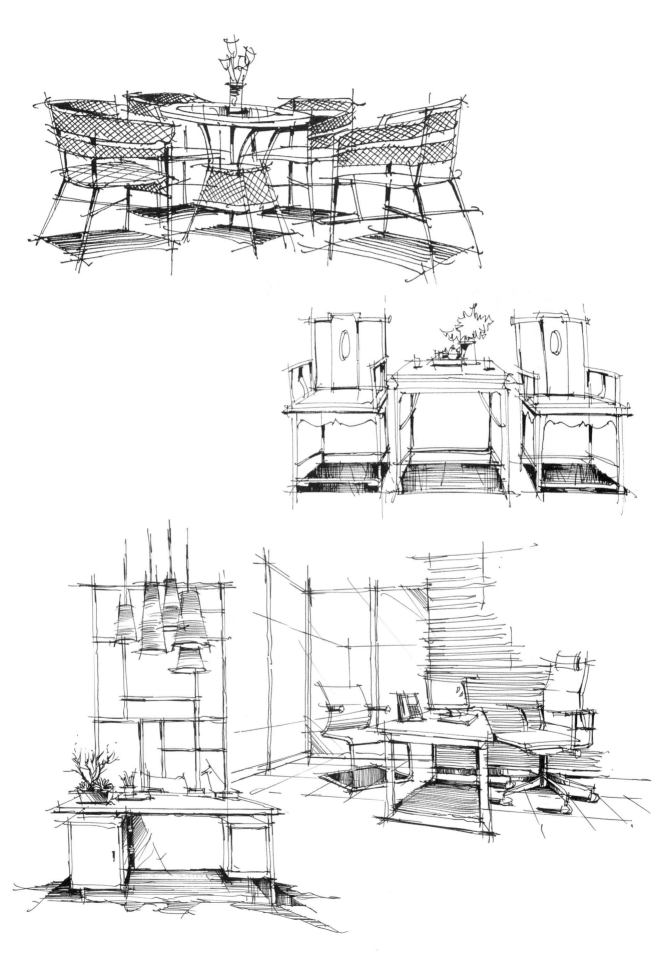

第十天
「空间线稿——客厅、卧室、餐厅」

在手绘表现中，不管任何类型的室内空间，其中的任何物体都是由几何形体演变而来的，这就是我们要练习大量几何形体的原因。空间效果图反映的是空间内不同的形体组合，形体表现的好与坏是衡量一幅效果图的标准之一，要注意结构、透视、比例。

空间透视的把握与运用

1.培养空间的透视感觉

想要画好一张透视效果图，首先要建立一个美的透视空间构架，这时要选择一个适合的透视角度和完美的构图关系，选好空间角度后，还要注意空间的比例与尺度。

2.把陈设放进空间里

空间架构出来后，这时我们要把陈设放进空间里，空间内的陈设大部分都是在地面上的，例如椅子、沙发、床，等等，所以我们要先确定陈设在地面上的准确位置，然后根据位置画出它的轮廓，根据轮廓再进行细部刻画。

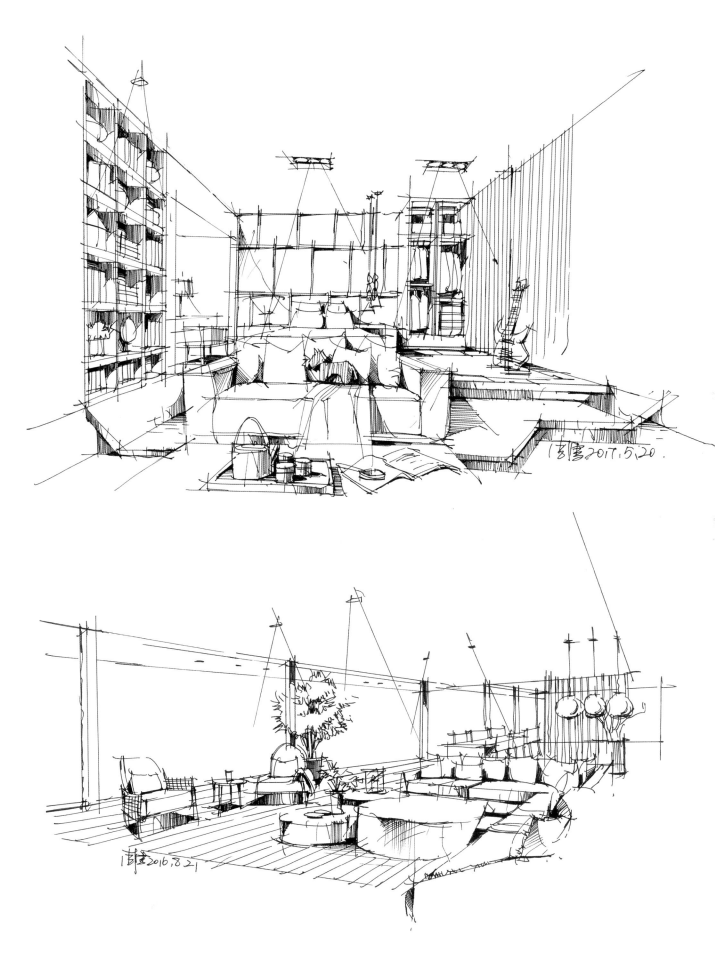

客厅表现：

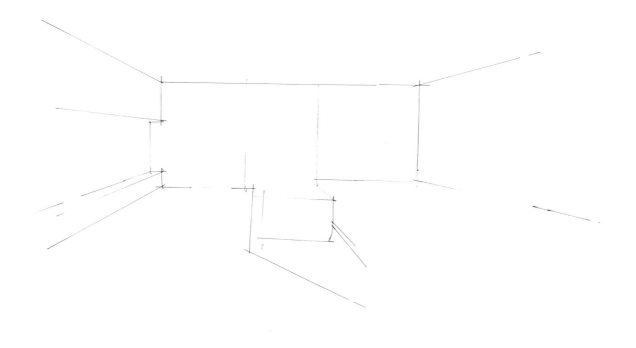

步骤1　初学者可以在这一步先用铅笔起稿，也可直接用绘图笔起出整体空间形态，并利用简单的线条确定出空间的大体透视关系，包括视平线、消失点、透视线。同时，认真推敲各部分体块关系，并定位出来。

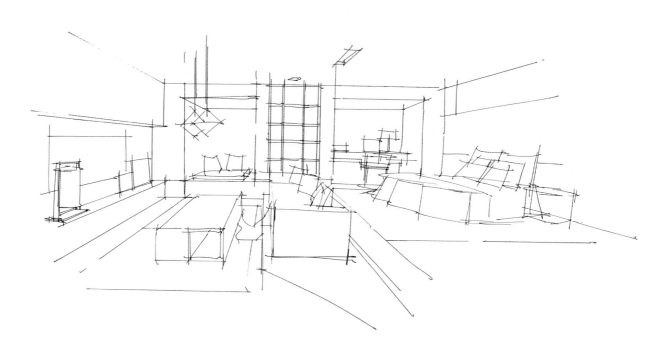

步骤2　用"投影法"来确定陈设组合的地面位置，注意长宽比例及彼此间距，之后用"几何形体"的方法概括出各陈设的基本形态。

步骤3　刻画陈设的具体细节，注重边缘线的塑造以及形体间的转折关系，可确定的线条要肯定，并处理陈设的阴影的明暗关系。

步骤4　塑造周围环境的具体结构及细节，并处理空间的阴影和明暗关系，达到整体效果的统一即可收笔。

步骤1

步骤2

步骤3

步骤4

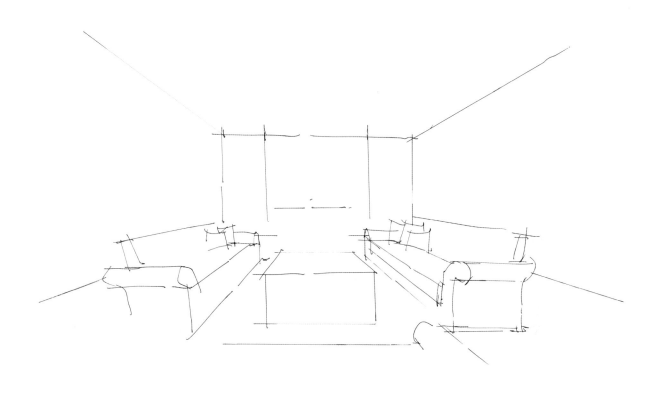

步骤1

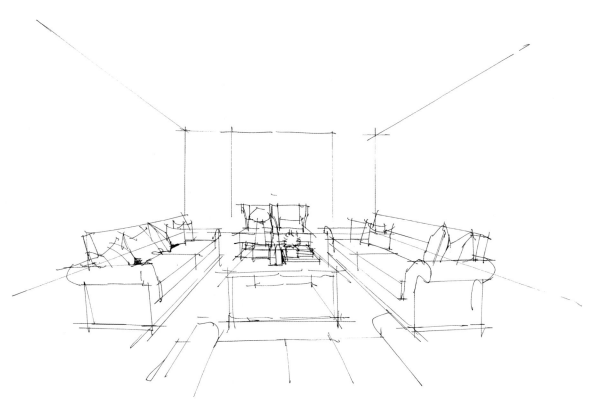

步骤2

步骤3

步骤4

卧室表现:

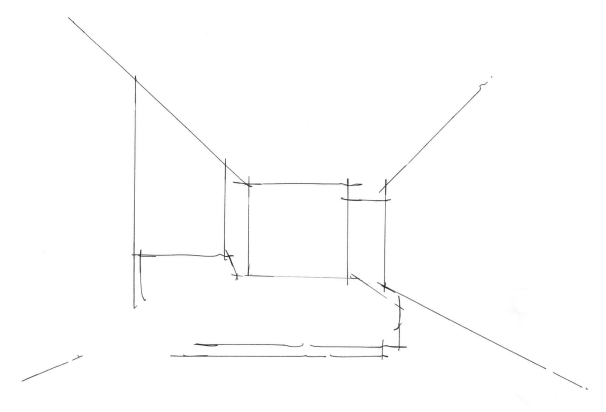

步骤1

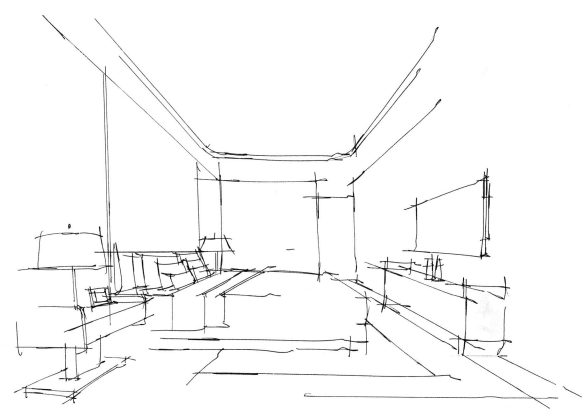

步骤2

步骤3

步骤4

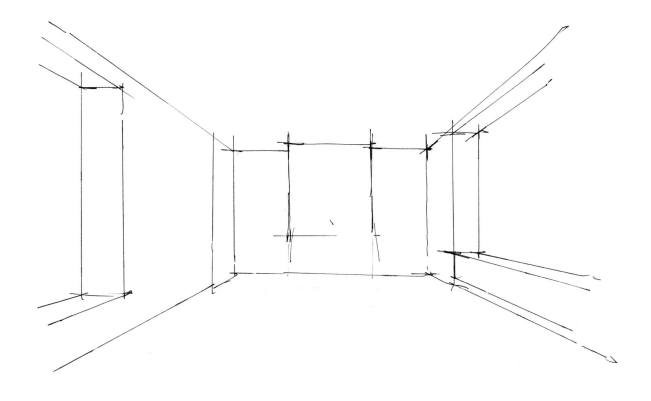

步骤1

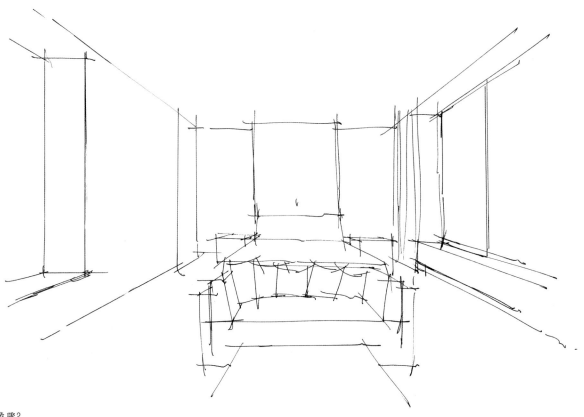

步骤2

步骤3

步骤4

餐厅表现：

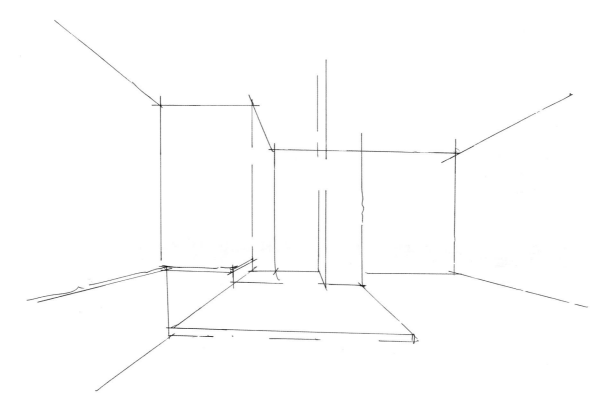

步骤1

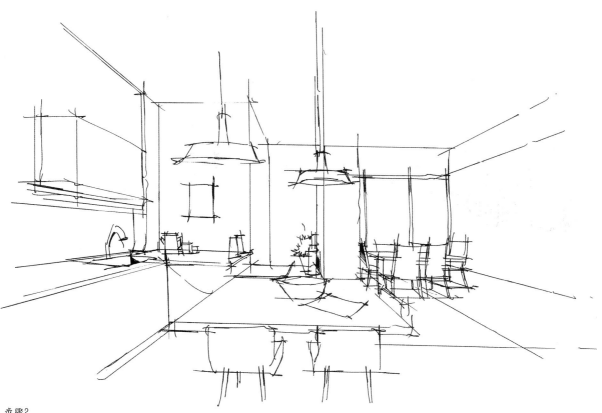

步骤2

步骤3

步骤4

第十一天

「空间线稿——办公室、会所」

办公前台休息区表现:

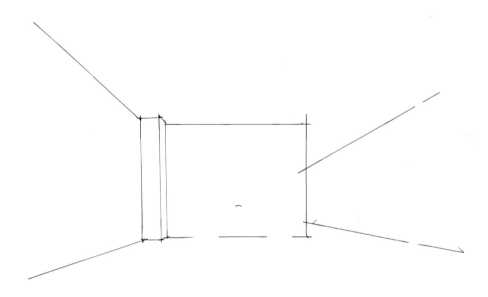

步骤1　首先用绘图笔勾画出空间透视，注意视点的位置及空间构图的方式。

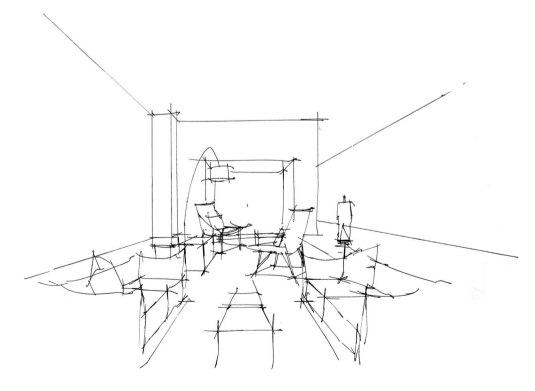

步骤2　定出物体在空间中的比例与位置关系，让合适的物体在合适的空间当中。

办公空间设计是在公共空间中为工作人员创造一个舒适、方便、安全、高效的工作环境，以便最大限度地提高员工的工作效率。办公空间的功能类型中包括接待区、会议室、办公室、工作区分区等，表现上，根据不同的空间类型，表现内容上也有所不同。

步骤3　刻画空间物体的细部，加入调子和阴影，注意线条的虚实关系，用线要肯定有力。

步骤4　进一步刻画空间，使空间画面效果丰富，对比强烈、生动。

办公室表现：

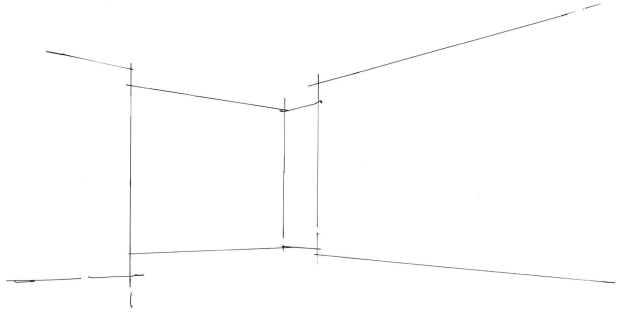

步骤1

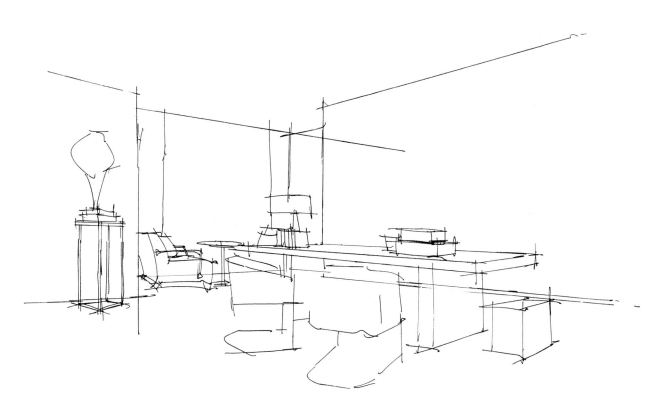

步骤2

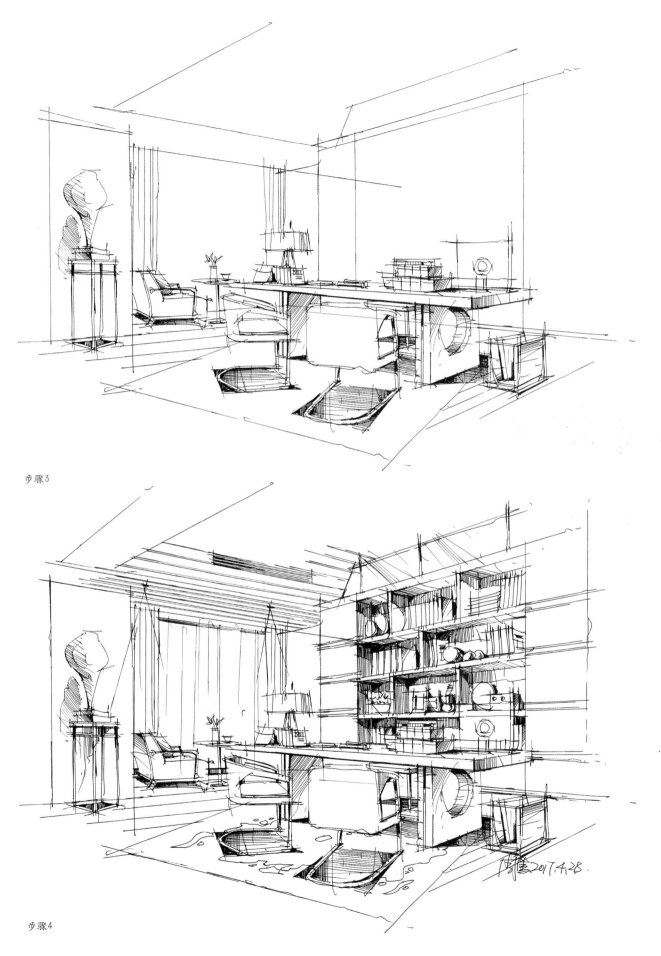

步骤3

步骤4

工作区表现：

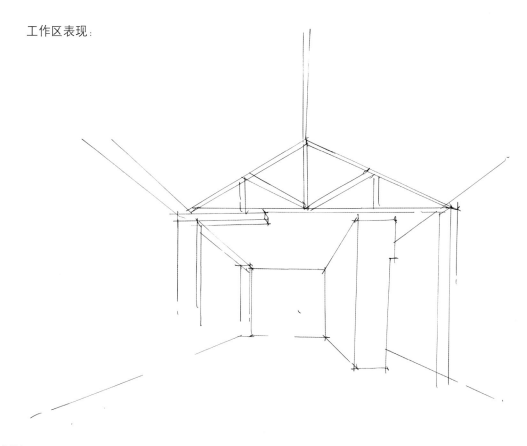

步骤1

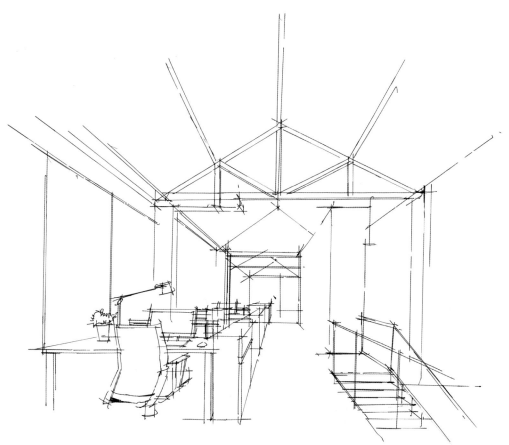

步骤2

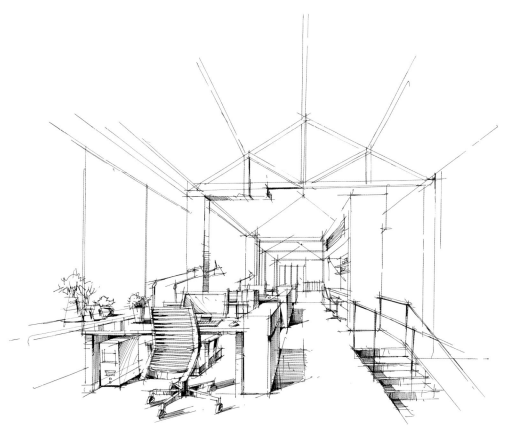

步骤3

步骤4

第十二天
「空间线稿——酒店、餐饮、KTV、咖啡吧」

酒店大堂空间表现：

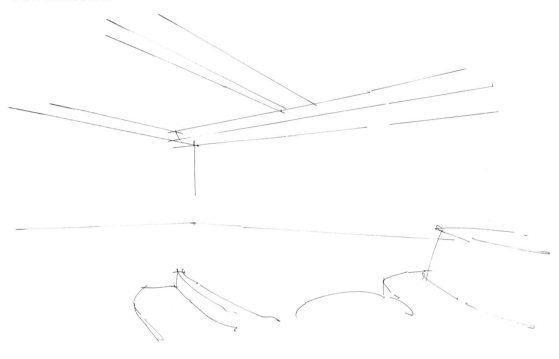

步骤1

步骤2

酒店大堂是宾客出入酒店的必经之地，其设计布局依靠独特的氛围，突出其视觉印象。酒店大堂就其功能来说，可分为接待区、休息区等，在大堂设计时，应充分利用空间，在整体装饰、陈设上精心构思，形式上符合主题酒店的风格需求。

步骤3

步骤4

餐厅表现：

餐饮娱乐空间环境是餐厅、咖啡厅、KTV、酒吧的总称。1.总体布局时，要注意功能划分明确，流线清晰，减少相互之间的干扰。2.空间分割和桌椅组合形式应多样化，以满足不同顾客的需求，形成私密与开放之分。

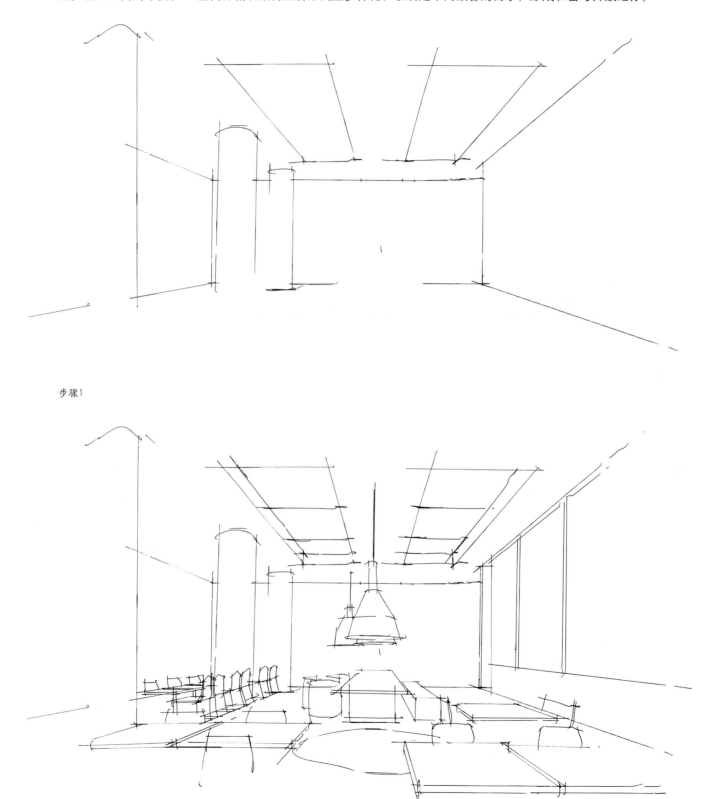

步骤1

步骤2

3. 通道设计应流畅、便利、安全。

　　在表现上，不管是餐厅，还是咖啡吧、酒吧、KTV，休闲区的沙发、椅子比较多，怎样处理它们和空间的比例关系，是需要解决的问题，所以需要平时大量去画、去练，在画的过程中锻炼准确的比例关系。

步骤3

步骤4

咖啡吧表现：

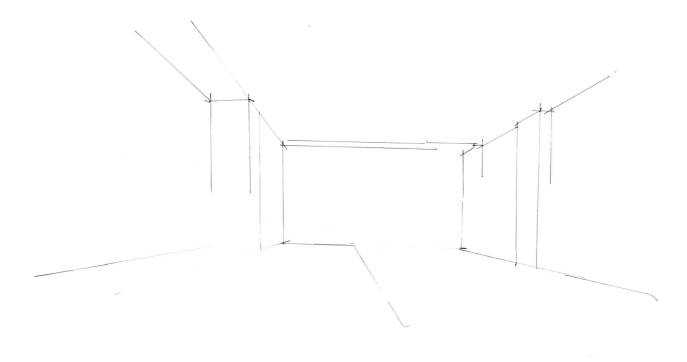

步骤1

步骤2

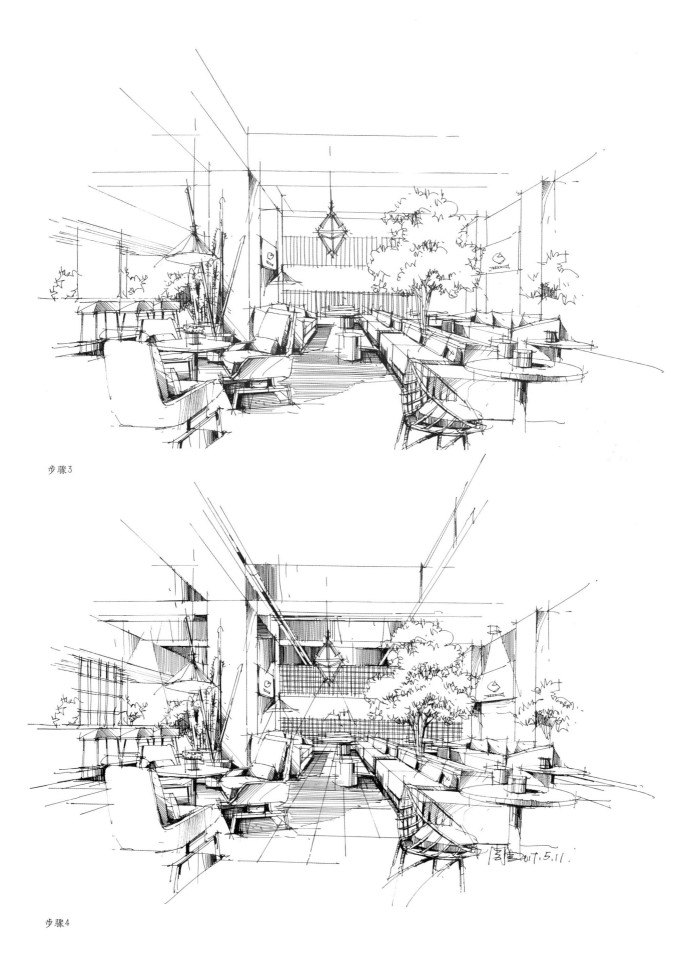

步骤3

步骤4

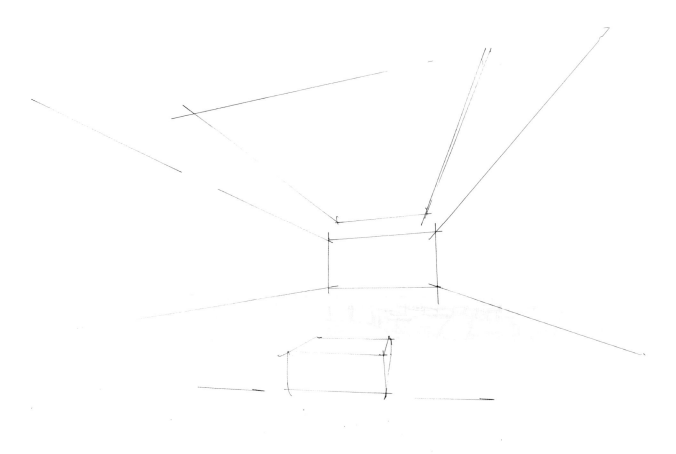

步骤1

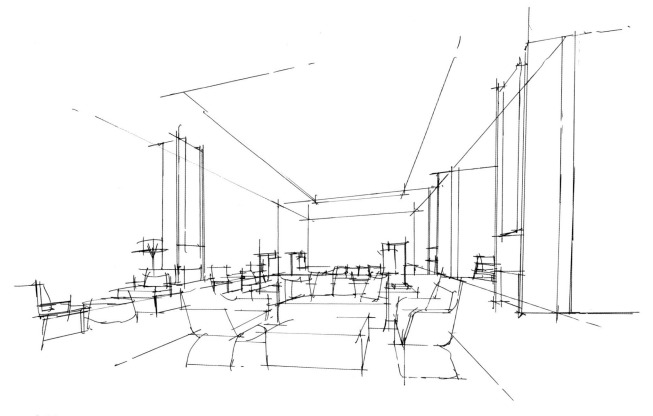

步骤2

步骤3

步骤4

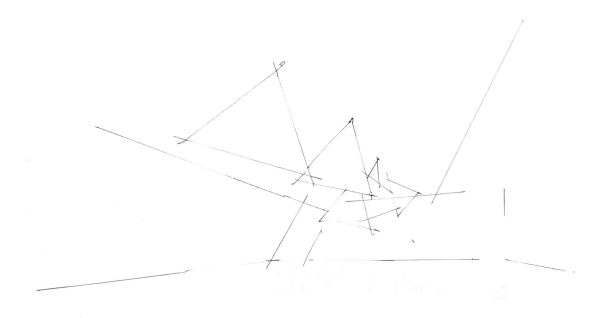

步骤1

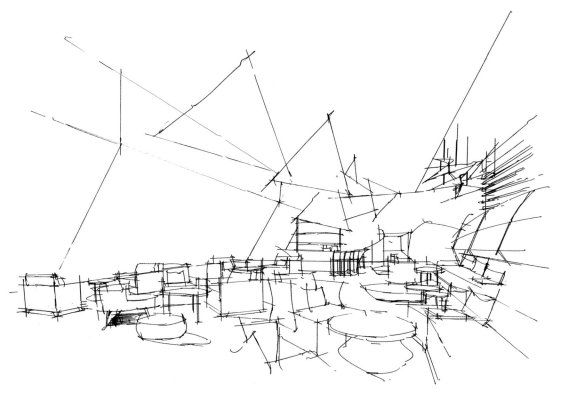

步骤2

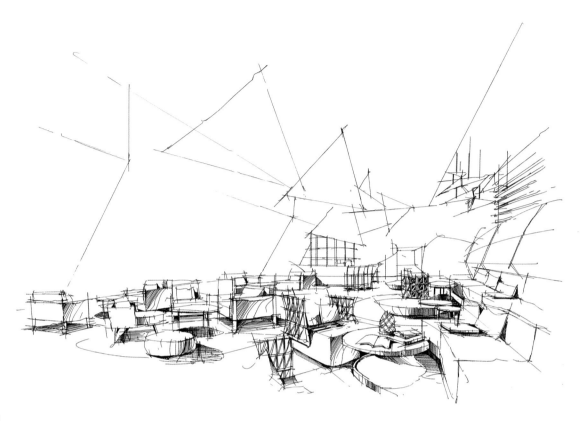

步骤3

步骤4

第十三天
「空间线稿——展示、陈列」

展示空间设计主要包括商业展示空间设计、展览会空间设计、博物馆空间设计。

在进行展示空间设计时，要根据平面尺寸、空间比例、功能区域分布，并结合建筑现有结构来进行设计构思与表达。在空间效果表现方面，消失点可以偏低些，形成仰视角度，来体现展示空间的气势与氛围。

展示空间表现：

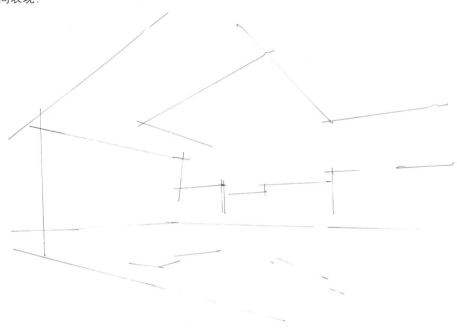

步骤1

步骤2

商业展示空间具有展示性、服务性、休闲性和文化性的特点。推广促销商品，展现商品特性，体现商家的企业文化内涵是商业展示设计的根本目的。

展览会空间设计是在特定的时段，以独特和夸张的艺术形式，醒目地将一定的信息与内容传递给观众，最终实现展会的意图与目的。

博物馆空间设计以突出博物馆基本陈列为重点，围绕陈列主题、内容、特征来进行创意设计与表达。

步骤3

步骤4

第十四天
「马克笔笔触练习——平面、立方体上色一」

马克笔笔触讲解:

马克笔是在线稿表现的基础之上,运用不同粗细的笔触变化来表现物体的颜色、材质、灯光,来营造和表现空间的氛围和细节。画颜色时,通过笔触的变化和转换方式来进行表现,笔触运用要灵活,这样才能使画面效果生动、丰富。

马克笔的笔尖一般分为粗细两头,在运用宽头的时候,可以根据笔头的不同角度以及调整笔头的倾斜度,来控制线条的粗细变化,达到生动的笔触效果。

马克笔的用法以及笔触的表现方式有很多,分为排笔、破笔、扫笔、压笔、甩笔等。

排笔:指笔触的重复排列,一般用马克笔笔头最宽的位置去排列,形成面的排列效果,均匀地用来表现大面积的背景的物体。

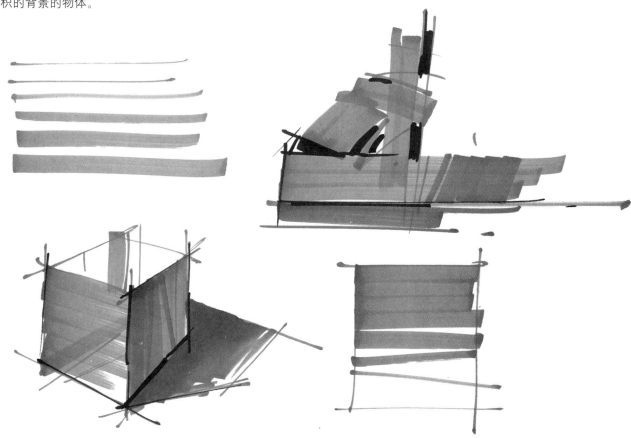

破笔:破笔笔触也分为 Z 字形和 N 字形笔触,多用于表现效果的生动性和色彩的层次和变化。来制造丰富的空间效果,可与排笔结合使用。

扫笔:运用笔触形成前重后轻的颜色深浅变化,自然地、一气呵成地表现出面的过渡效果,可与破笔配合使用。

压笔：针对阴影及明暗转折位置，起到用一支笔，靠手给的力度来形成深浅颜色变化，压中笔的力度，往往颜色会深，同时区分面与面的变化，是一种不需要换笔来表现深浅的手段，但压笔没有笔触，形成均匀的面的效果。

　　甩笔：类似于素描当中的用铅笔画调子的手法，调子在素描当中是运用画圈的动作，形成两头轻、中间重的变化，而甩笔就是要两头轻、中间重些的效果，像绘画一样，只是在画面上给些颜色，但并不注重它的轮廓，一般用于处理空间的环境色，或物体和物体之间相互影响的颜色变化。和扫笔相似，但深浅位置不同，所以用笔不同。

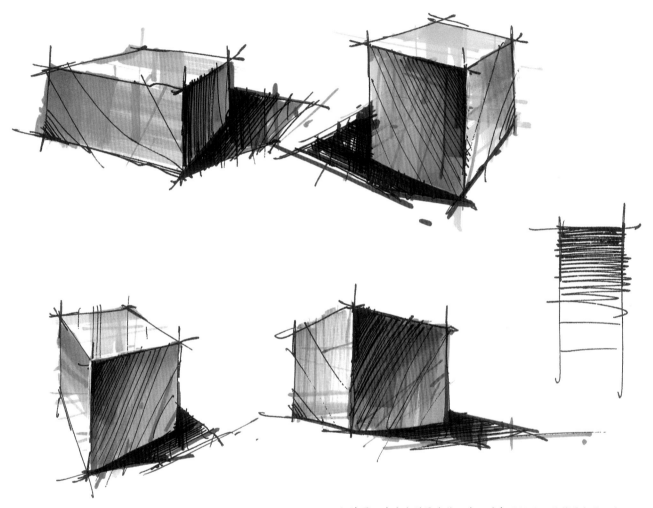

1.选用一个灰色的马克笔，先从暗部开始画，用笔要轻快、轻松、胆大心细，适当注重颜色轻重浓淡的效果。

2.这时立方体已经有了体积感，再考虑其固有色，排笔时注意物体的深浅变化。

3.大体色关系出来之后，在其基础之上进行明暗深浅过渡的表现，把变化层次画出来，让立方体更具有分量感和体积感。

4.进行细部表现。

5.最后做整体的调整。

有时单独运用马克笔可能无法完全达到预期的效果，所以，可以与色粉、彩铅、提白笔等辅助工具结合使用。

马克笔的特性：

总结以上马克笔的部分常用笔触和马克笔自身的特点，在运用的时候必须遵循。不能更改是特性之一，因此要求下笔准确，以笔造型，笔笔皆有形。笔触要为形体服务，笔触运用得当更能体现马克笔的美感。特性之二是颜色不可覆盖，但可叠加，越加颜色则越深，因此，一种颜色也可以画出自然的过渡色。

马克笔使用的要点：

快、准、稳是在马克笔运用时要注意的三点。马克笔要求画颜色时速度要快，讲究运笔的美感，下笔要求果断利索，要求速度感、节奏感，这样就会显得轻松自然，避免了死板和僵硬；马克笔用笔要准，在规定区域范围内，可以根据面积的大小调整自己手的力度，均匀地涂出规定的色块，马克笔的笔头最宽位置基本固定，因此，表现大面积的色彩要注意用笔均匀或概括、准确性地表达。同时拿笔时要稳，看准再下笔，出笔时不要转动笔，保持前后的一致性。同时，通过笔触的排列，表现面时画出三到四个层次即可。

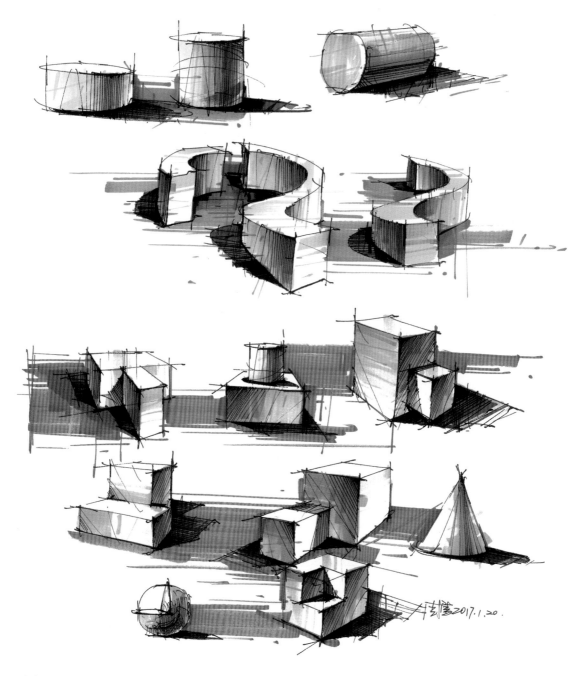

第十五天

「马克笔笔触练习——立方体上色二」

提到马克笔中的颜色，首先，颜色是按照色号当中相对比较接近的颜色排列的，这样比较相近的颜色，不同灰度变化的色相颜色较于接近，方便查找。

其次，提到颜色，不得不提彩构成原理对手绘效果图表现的影响。色彩构成中的三要素分别是明度（黑到白的灰度变化）、色相（可用的色调）、纯度（颜色的饱和度变化）。

明度指的是具有的亮度和暗度有彩色和无彩色，例如黑到白的变化便是明度的变化；色相指的是不同颜色的色相变化，例如红、橙、黄、绿、青、蓝、紫及它们之间的中间色，在色环上排列的高纯度的颜色，被称为纯色，并具有不同色相变化；而颜色的饱和度指的是纯度颜色当中加入的灰色度含量高低来计算的，彩度由于色相的不同而不同，而且即使是相同的色相，因为明度不同，彩色度也会随之变化的。

色彩三要素应用到空间

表示色彩的前后，通过色相、明度、纯度、冷暖以及形状等因素构成。

1. 明度高的颜色有向前的感觉，明度低的颜色有后退的感觉；

2. 暖色有向前的感觉，冷色有后退的感觉；

3. 高纯度色有向前的感觉，低纯度色有后退的感觉；

4. 色彩整有向前的感觉，色彩不整，边缘虚有后退的感觉；

5. 色彩面积大有向前的感觉，色彩面积小有后退的感觉；

6. 规则形有向前的感觉，不规则形有退后的感觉。

色彩的对比关系：

明度对比：明度对比指色彩的明暗关系的对比，也称色彩的黑白度对比，这种对比是色彩构成最重要

的对比，色彩的层次与空间关系主要依靠色彩的明度对比来表现。

色相对比：色环上任何两种颜色或多种颜色并置在一起时，在比较中呈现色相的差异，从而形成对比的现象，称之为色相对比。

纯度对比：色彩中的纯度对比，纯度弱对比的画面视觉效果比较弱，形象的清晰度较低，适合长时间或近距离地观看；纯度中对比是最为和谐的，画面效果丰富，主次分明；纯度强对比会出现画面醒目、颜色鲜亮的效果，同时画面对比明朗，富有生气，色彩

明度变化：

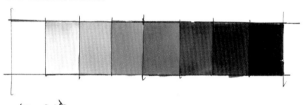

色相变化：

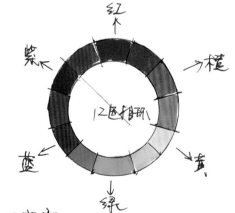

纯度变化：

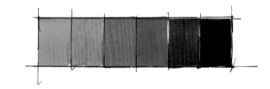

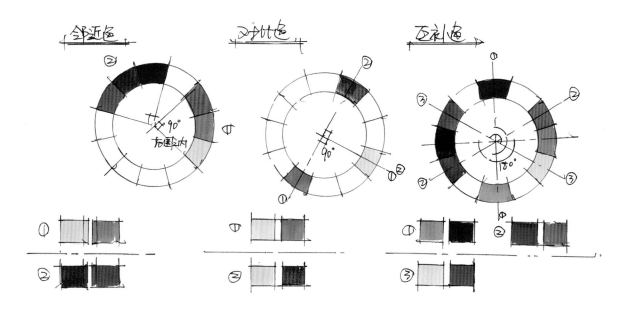

认知度也较高。

冷暖对比：冷色和暖色是一种色彩感觉，冷色和暖色没有绝对，色彩在比较中生存，如朱红比玫瑰红更暖些，柠檬黄比土黄更冷。画面中的冷色和暖色的比例决定了画面的整体色调，就是通常所说的冷色调和暖色调。

冷色：青、蓝、紫

中性色：绿

暖色：黄、橙、红

色彩的搭配：

邻近色：色环中位置相近的颜色,黄和橙、橙和红,这种颜色搭配起来比较突出主色调的变化,同时层次丰富。

对比色：指色环中90度对应的颜色称为对比色,例如黄和红、红和蓝、蓝和绿、绿和黄,这种颜色搭配在空间中尽量让一方颜色为主色调,另一方颜色为辅助色调,这样画面搭配起来比较有颜色层次的变化。

互补色：色环中180度对应的颜色称为互补色,例如黄和紫、红和绿。这种颜色搭配会使物体感觉醒目,对比强烈,具有冲击力。

配色比例：

给物体或空间搭配颜色，必须先了解配色比例，日本设计师提出过一个配色黄金比例，是70：25：5，其中的70%为大面积使用的主色，25%为辅助色，5%为点缀色。

一般来说，颜色用得越少越好，颜色越少画面越简洁，作品会显得更加成熟。颜色越少我们越容易控制画面，除非有特殊情况，要求画面有一种热闹、活力的氛围的，多些颜色可以使画面显得很活跃，但是颜色越多越要按照配色比例来分配颜色，不然会使画面非常混乱，难以控制。

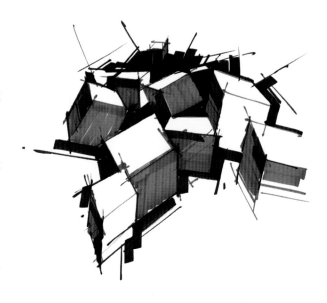

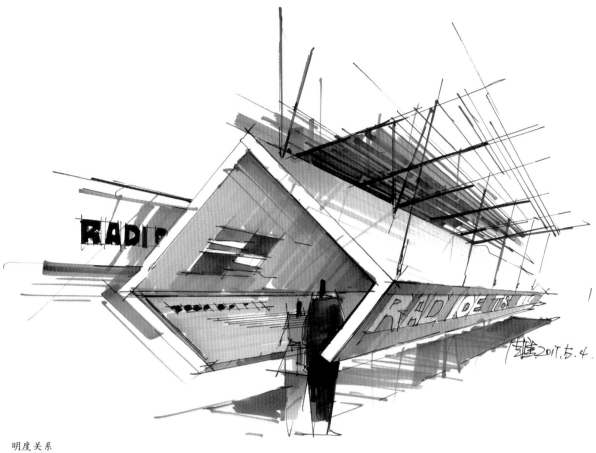

明度关系

色相关系

纯度关系

冷暖对比

第十六天
「材质的表现」

材质可以让我们想到什么？线条、色彩、纹理、质感……

线条：为了能够使画面的光影和材质看起来更加真实，在表现颜色前，线条对物体材质的表现处理上也要逐步跟上，并需要同步表现光影的明暗过渡和不同物体质感的区别。

色彩：是室内空间的灵魂和气质，任何一种材料都会反映出自身的特质和色彩面貌，材料的色彩变化会构成空间中的主要色彩基调，并以最强烈的传播效果来刺激观者的视觉。

纹理：就是指材料上面所体现的线条和花纹。

质感：指对材料的色泽、纹理、软硬、轻重等特性把握的感觉，由此产生物体的特征及审美感受。

普通材质表现：例如布艺、藤制、麻制、毛毯等。

布艺材质主要有棉、麻等，因材质比较接近，靠其不同颜色体现效果即可，因布艺质感很粗糙，反光倒影效果的表现基本没有，这样表现时笔触的变化可以少些。但考虑到光源对物体材质的作用，画时要注意明暗对比关系和深浅层次的变化。

藤制品往往是按照一定规律排列出来的，在线条的表达上按照本身的排列刻画，然后给予明暗，利用排列笔触的多少来突出虚实关系，颜色上大部分也属于木质类，所以颜色同样要以木质颜色为主，注重笔触的变化和明暗关系处理，这种材质颜色表现上不同于大面积木质，表现上要注重细节的刻画。

毛毯在表现上注意线条对毛类织物的体现，颜色处理上，利用点的笔触来刻画明暗变化即可。

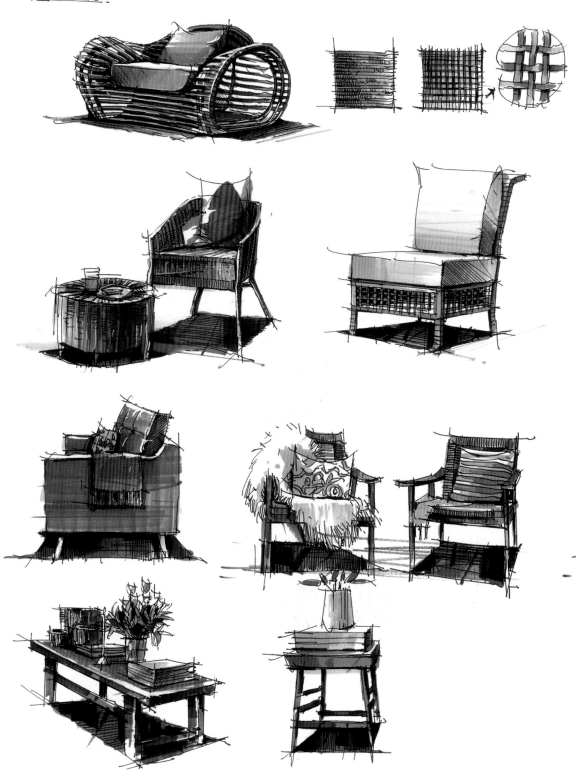

木质材质表现：木质的表现首先要突出木材的纹理，注意疏密变化，一般在空间中主要表现在地面和较大家具表面上，靠木纹来表现，以表现粗糙质感，线条要自然，颜色上以靠近木色颜色为主，多运用扫笔的笔触，加入破笔，并给予一些反光的表现。

　　镜面材质：镜面的材质主要表现在玻璃的反光、镜子的反光、电视机的反光等。表现这类反光的质感，利用线条给出笔触变化，颜色上需要给出快速的笔触，并且要做到对大面积的高光的处理，加入环境对材质的反射效果，与之相融合是表现这类材质的重点。

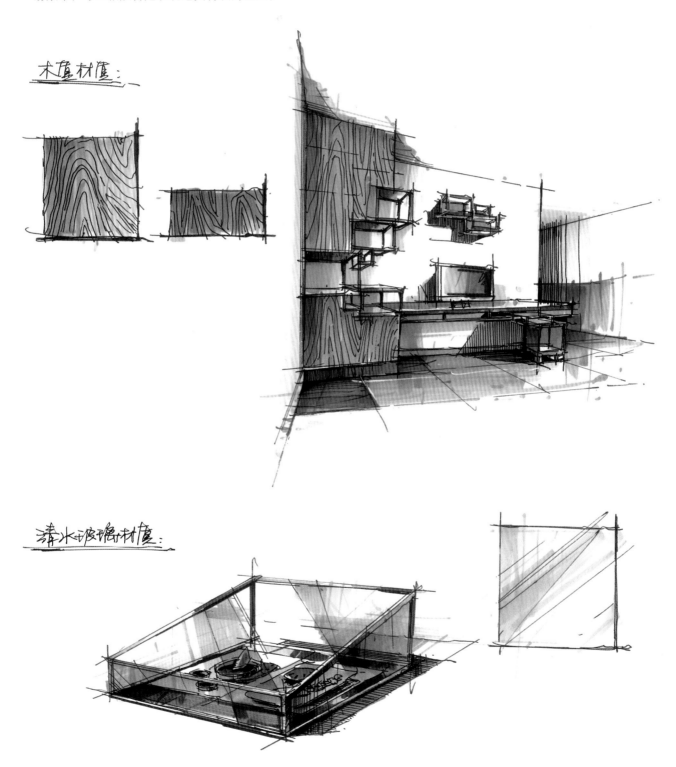

木质材质：

清水玻璃材质：

　　钢材质表现：在实际生活中，我们看到的钢材表面的材质有多种类型，常见的有亮面和拉丝面，与镜面材质一样，都有些镜面反射效果，表现时，可以用简练的色彩和笔触来表现高光和投影，以强烈的对比和明暗的反差来表现钢材的特性，即暗部更暗，亮部更亮来体现钢材的光泽和质感。

金属材质：

石材表现：石材在室内设计的应用中很多，因此对其纹理的掌握和表现，是体现不同石材种类的关键。

石材中常用的有大理石、砖材等材料，纹理不同，颜色上也有变化。表现不同石材时，首先要画出石材的纹理，是不规则的光面理石效果，还是有规律的砖石麻面效果，都要先利用线条表现出来，表现时，线条要有轻重、虚实变化。颜色上以真实效果为例，赋予不同石材的颜色，在其进行层次的叠加与变化，光面石材具有很强的高光和反射效果以及在灯光的作用下对其产生的倒影效果，要注意这些细节的变化，来体现真实的纹理效果。

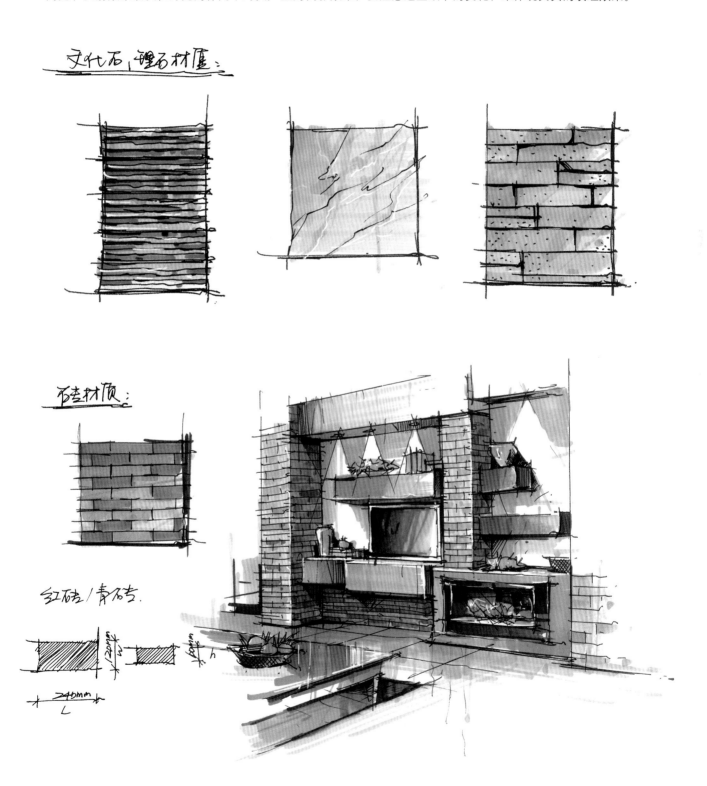

第十七天

「给物体上色——沙发、床、柜子、卫浴」

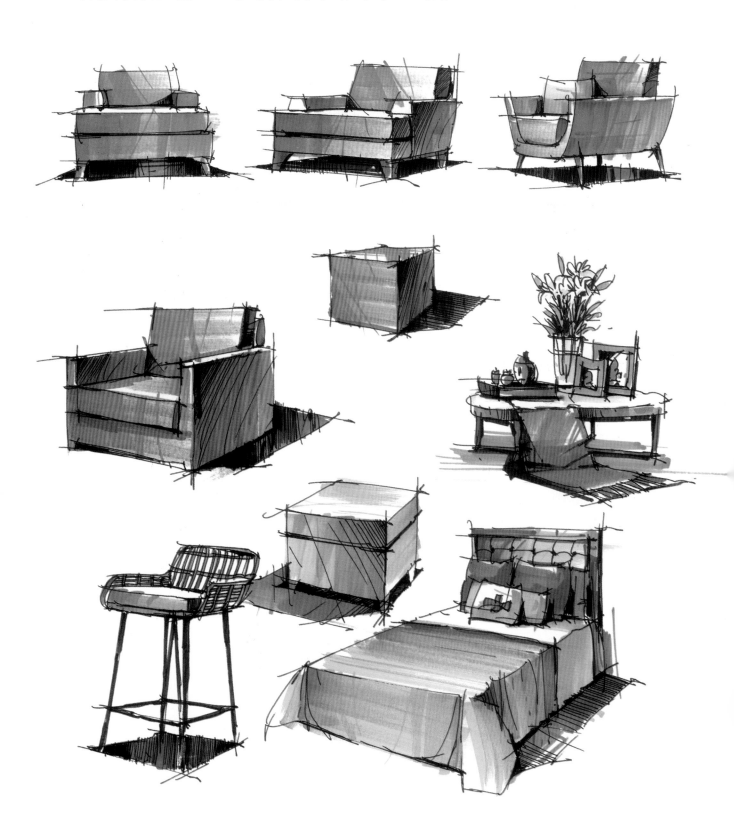

沙发、床、柜子是我们身边中常见的物体，我们对它们是再熟悉不过了，平时可多观察身边的这些物体，对表现上会有一定的帮助。

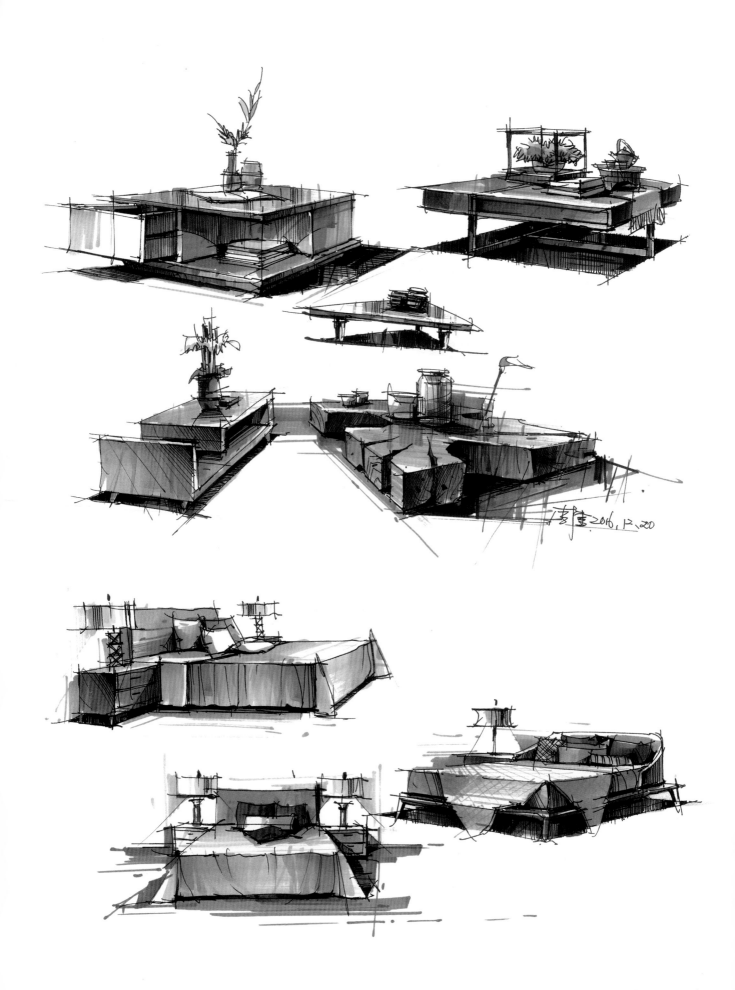

上色时应注意：

1.要以光源为出发点，来判断物体的明暗关系，这样才能把物体的体积感和黑、白、灰的分配关系表现出来。

2.给物体上固有色及材质质感。因为沙发、床、柜子等大部分面的体积较大，所以表现起来会好控制一些，可以运用笔触来表现物体的颜色层次变化。

3.刻画细节，突出物体的虚实变化，以表现出整体的丰富效果。

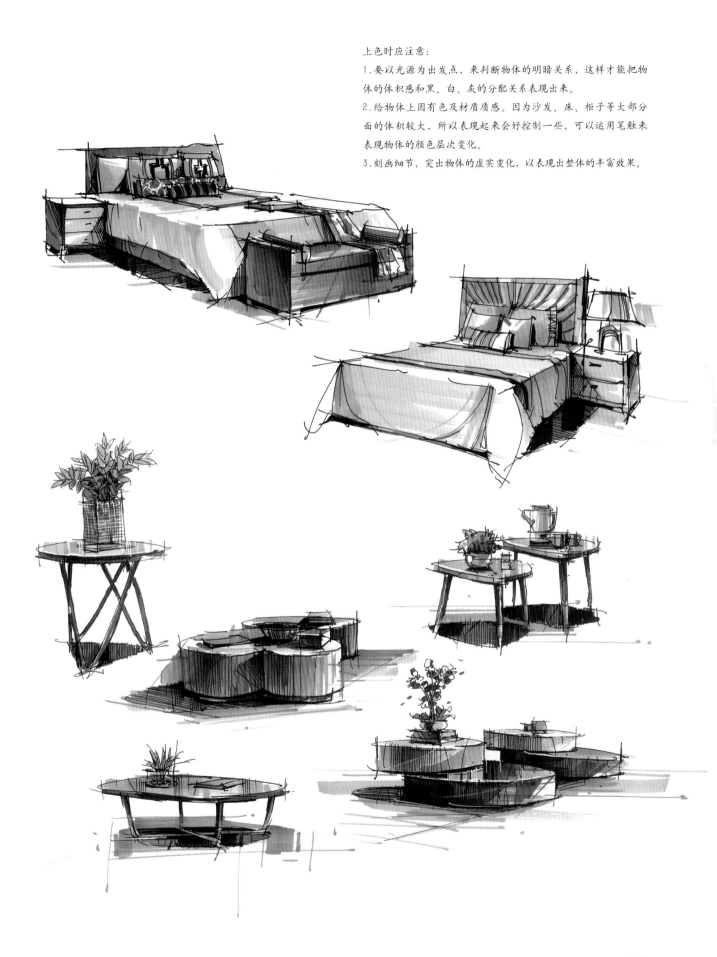

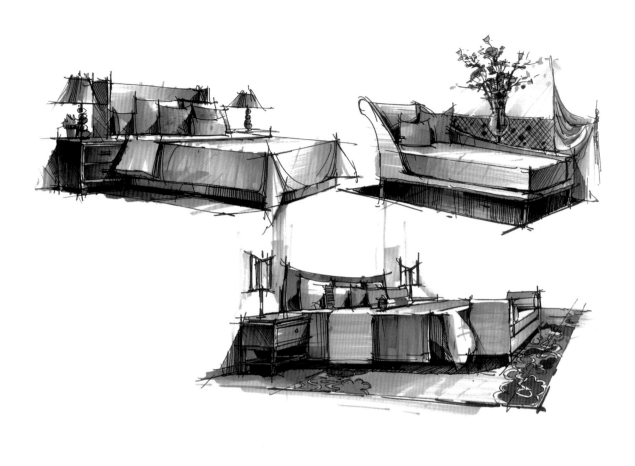

第十八天

「给物体上色——椅子、桌子」

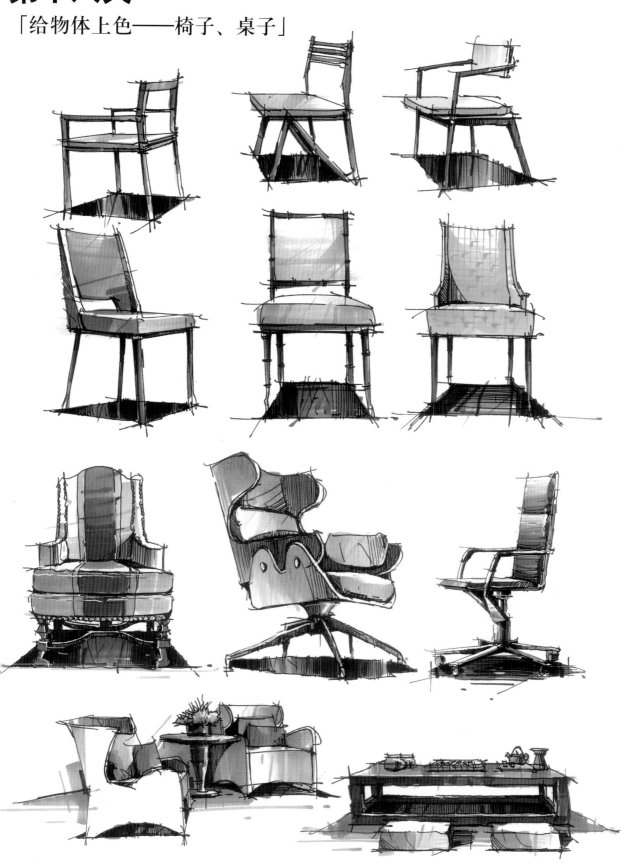

椅子、桌子有其不同的风格样式，这种风格样式是对空间主题效果形成更好的诠释。针对不同的风格形态，所赋予的颜色也有所不同。办公空间中的椅子大部分以现代、工业为主，表现上需体现出简洁、明快的效果，用色清新、并富有现代气息，颜色上多以冷色调为主，搭配局部暖色；而餐饮、会所、咖啡厅等空间具有鲜明的主题特色，风格上讲究中式、欧式、现代等，搭配陈设烘托空间效果，并让人感觉到舒适、温馨，同时，色调大部分以暖色为主。

在表现上除了以上沙发、床、柜子部分所述，要注意表现的面的大小虽有所改变，但同样层次不可缺少，注意上色时或颜色过渡时要概括，准确。

第十九天
「给物体上色——展示、陈列」

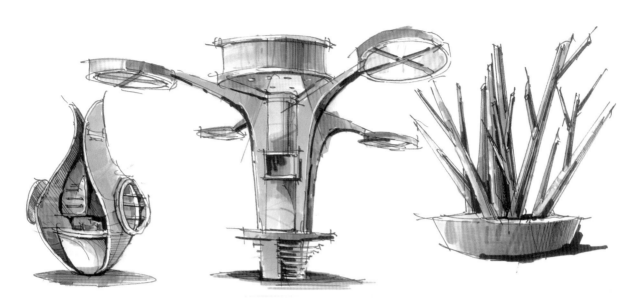

　　展台、展板、展柜是展示空间中的基本展示形式，这些陈设是为展示空间中实物、文字、图片服务，以达到展示、教育的目的。展示陈设在形式的设计上可以满足空间尺度及设计要求上采用夸张的设计手法，而针对它们上色时，颜色要有鲜明的主题特色，用色中颜色要饱满，用笔大胆、明快，这样不管是在空间设计形式上，还是在空间内容上，形成强烈的视觉冲击效果，给人以直观的空间感受，以满足和达到展示的需求。

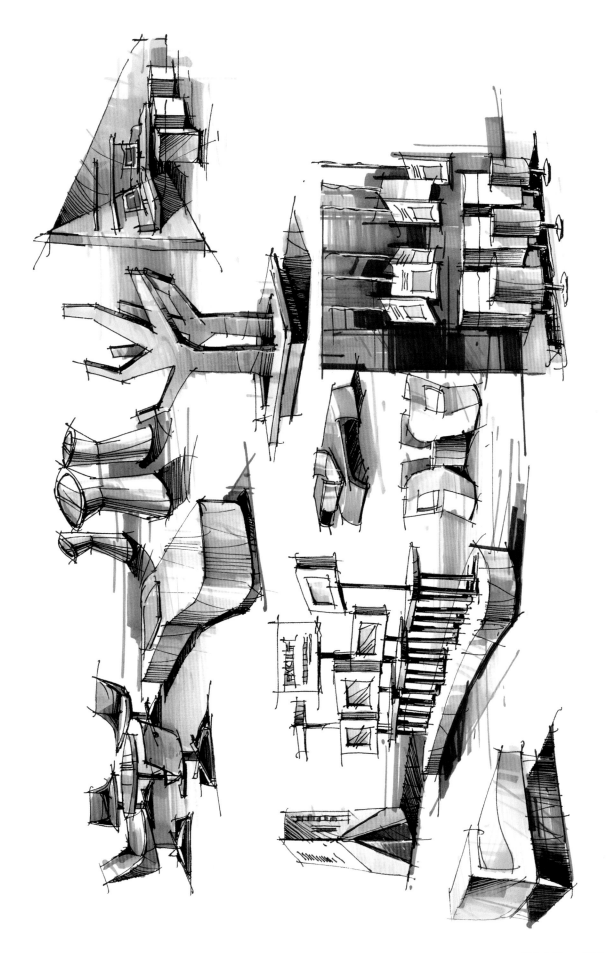

第二十天
「给物体上色——组合训练」

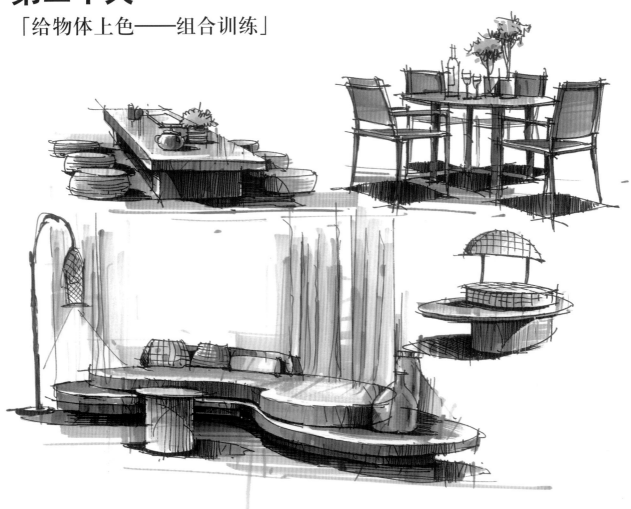

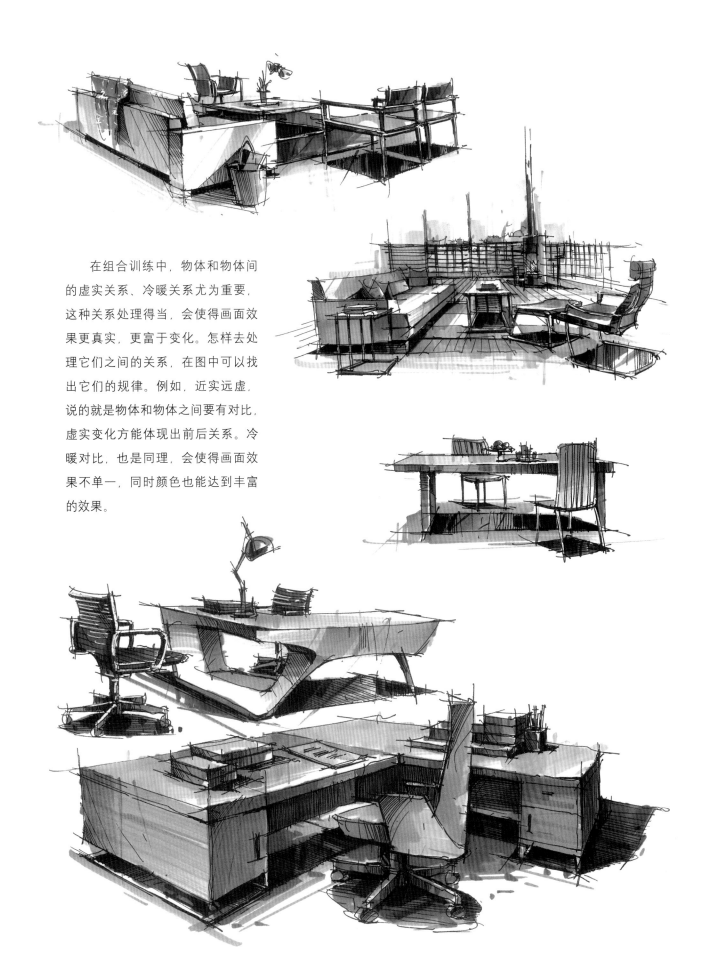

在组合训练中，物体和物体间的虚实关系、冷暖关系尤为重要，这种关系处理得当，会使得画面效果更真实，更富于变化。怎样去处理它们之间的关系，在图中可以找出它们的规律。例如，近实远虚，说的就是物体和物体之间要有对比，虚实变化方能体现出前后关系。冷暖对比，也是同理，会使得画面效果不单一，同时颜色也能达到丰富的效果。

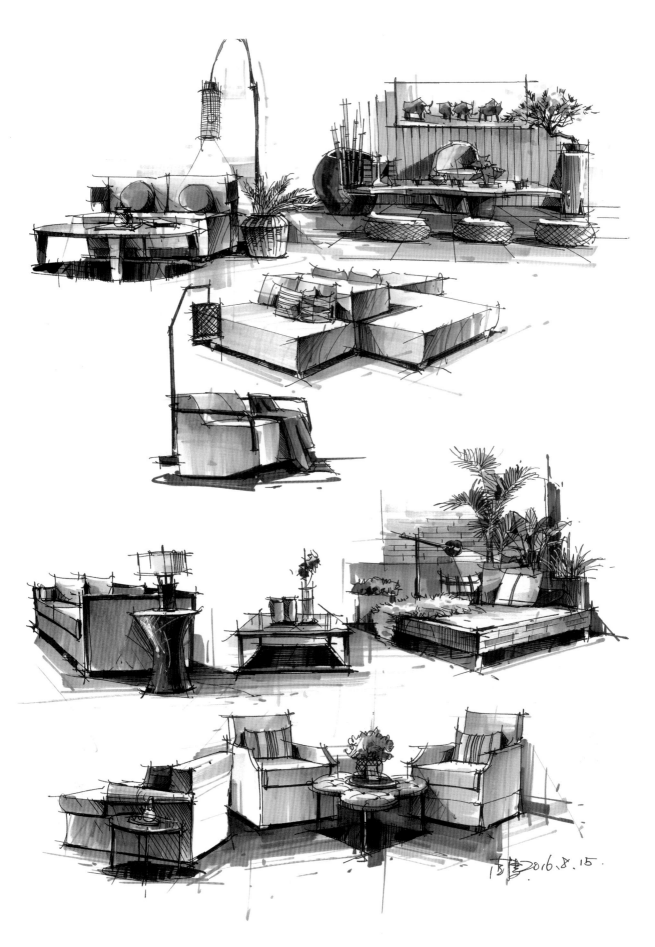

第二十一天

「给空间上色——客厅、卧室、餐厅、卫浴」

步骤1　先用灰色系的颜色表现空间的整体明暗和光影的对比关系，注重前期单色颜色层次的变化，利用单色拉开空间和陈设之间的关系。

步骤2　利用马克笔的笔触画出空间及陈设的固有色，参考颜色搭配关系，注意亮面需留白。

步骤3 表现物体的层次变化，注意颜色的叠加效果及空间冷暖对比关系。

步骤4 刻画空间中细部，注意近实远虚，并相应地给予物体材质的体现，最后调整整体的空间效果即可收笔。

步骤1

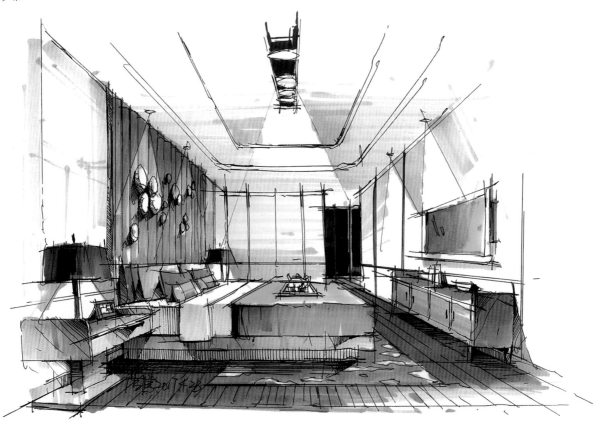

步骤2

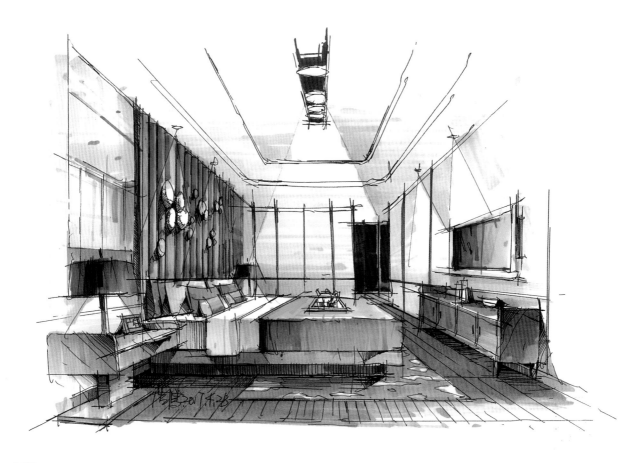

步骤3

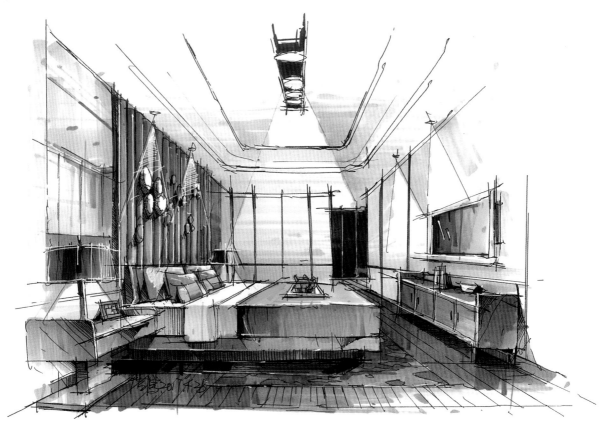

步骤4

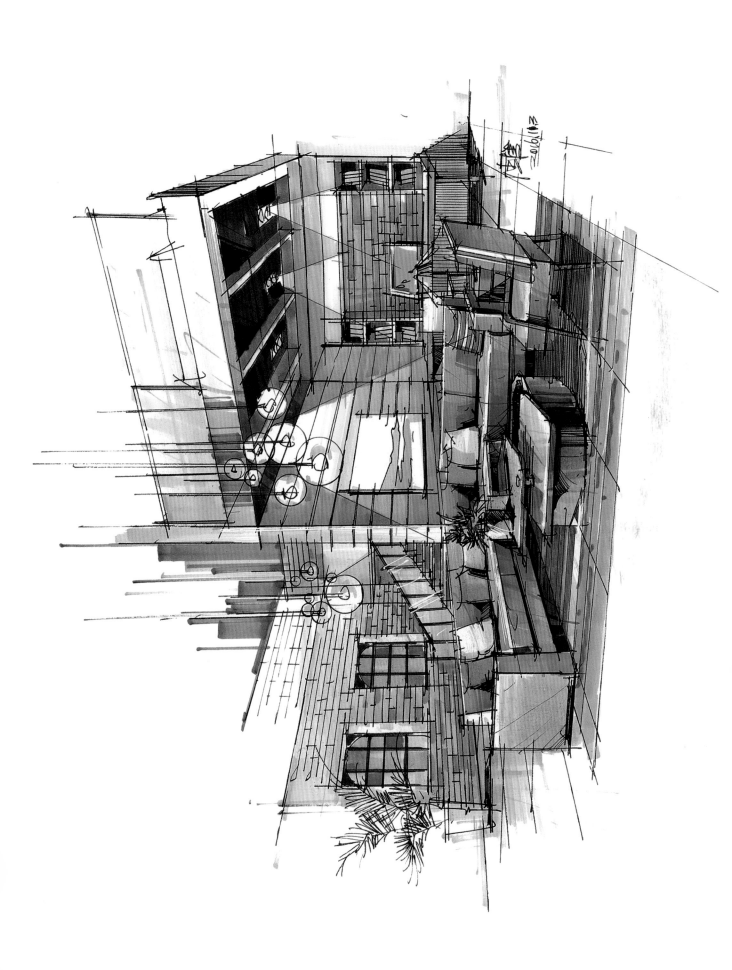

第二十二天

「给空间上色——办公室、会所」

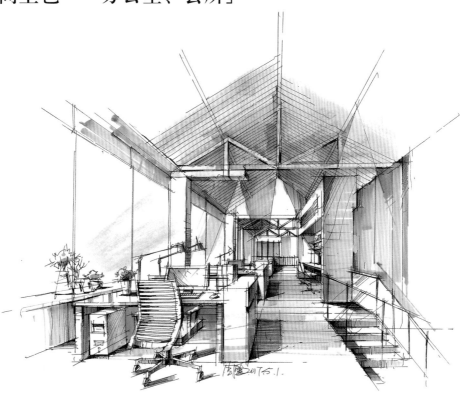

步骤1 用单色马克笔把握整体空间的大色调关系，控制空间画面中留白的位置，用颜色重叠的方式深化把握整体空间色调的深浅及明暗对比关系，注意笔触的运用。

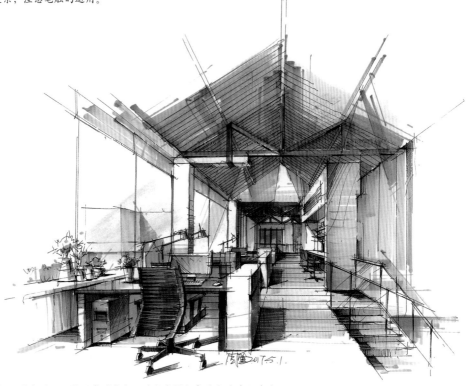

步骤2 在空间场景中刻画物体固有的色彩，确定空间当中的冷暖对比关系。

步骤3　进一步刻画、涂色，同时用马克笔表现不同材质的肌理效果。

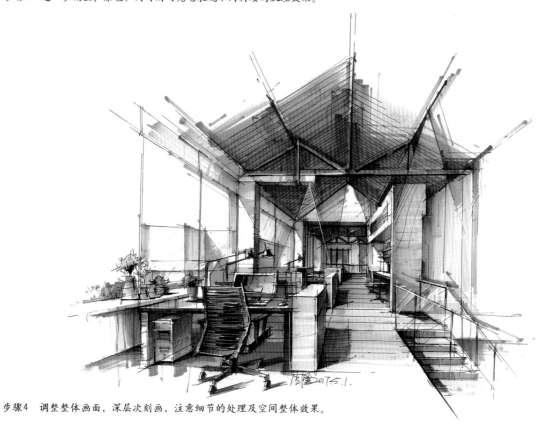

步骤4　调整整体画面，深层次刻画，注意细节的处理及空间整体效果。

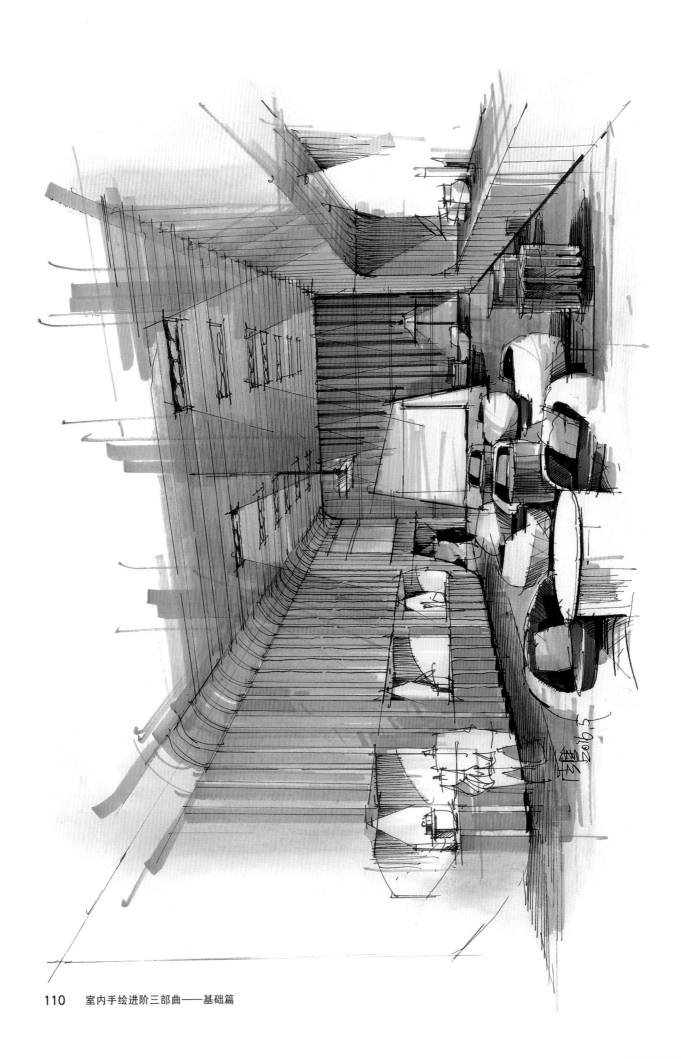

第二十三天
「给空间上色——酒店、餐饮、KTV、咖啡吧」

步骤1

步骤2

酒店、餐饮、咖啡厅等是公共空间中人流相对密集的场所，这样，针对表现这些场景较大的空间，同时空间陈设较多时，就更要处理好物体和物体之间、物体和空间之间颜色的关系。针对这些空间类型，在颜色处理上，用色不宜过多，不要超过四种以上的颜色，这样的好处在于，会使设计上或表现上形成统一效果，不会给人以眼花缭乱的错觉，同时，在这四种颜色中，要有主要颜色作为空间的基本主色系，是以冷色调为主，还是以暖色调为主，用哪些颜色作为辅助搭配色，这些都是需要考虑的。KTV空间颜色运用上会有所不同，这种娱乐场所需要给人以视觉上的强烈冲击，颜色的运用上还是要大胆、夸张地去处理。

步骤3

步骤4

步骤1

步骤2

步骤3

步骤4

步骤1

步骤2

步骤3

步骤4

第二十四天

「给空间上色——展示空间」

步骤1

步骤2

展示空间中色彩设计的原则：1. 展示空间环境、道具上的色彩，要统一考虑，应有一个统一的色彩基调，以便加强整体感，避免支离破碎和五颜六色。一切色彩搭配设计，都是为了突出展品服务，所以要有恰当的对比关系。2. 一般来说，展示设计中所用色彩不可过花，应控制在三种以下，避免观众产生视觉疲劳。3. 除了注意色彩在色相、纯度、明度上的对比外，还要考虑色彩的面积大小，面积的分配大小决定空间颜色的主次关系。4. 色彩设计中，要注意民族欣赏习惯与色彩的禁忌，所选颜色必须慎重。

步骤3

步骤4

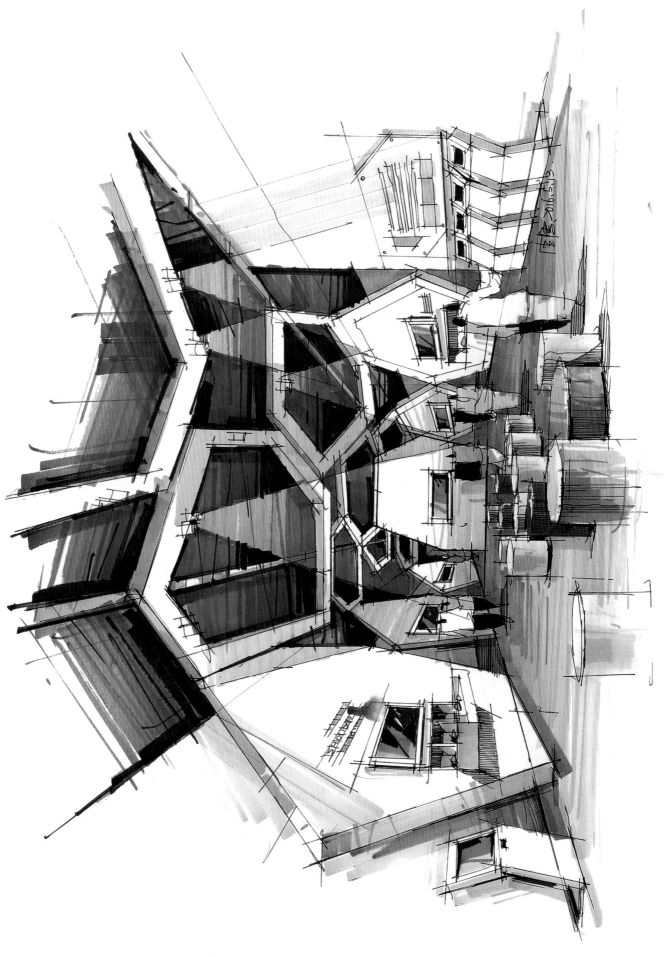

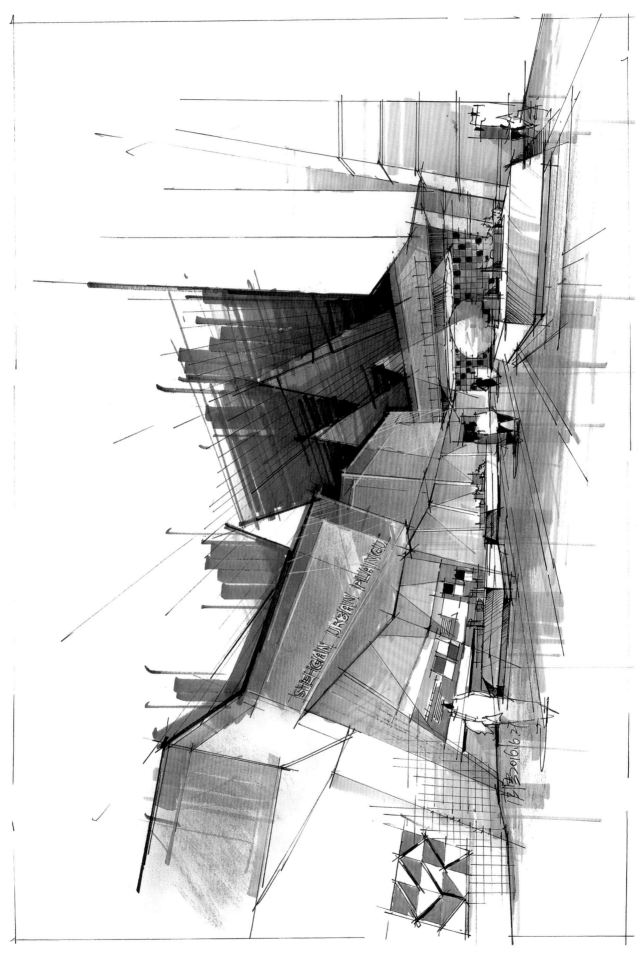

SHEHGAN URBAN PLANGU

第二十五天
「优秀表现作品赏析」

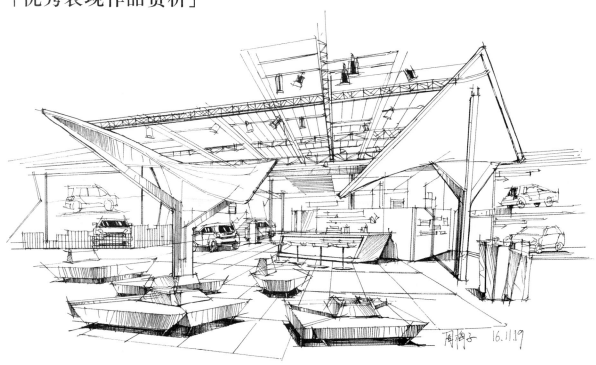

这是一个艺术设计展厅——车展空间表现。作者采用了流线式的曲线符号形式，烘托车展空间的主题氛围，增加了展示空间的艺术性。图中以展示实物区、休闲区、接待咨询区为主要功能分区，采用一点斜透视关系，烘托场景的氛围，用线肯定、准确，具有较强的视觉效果。

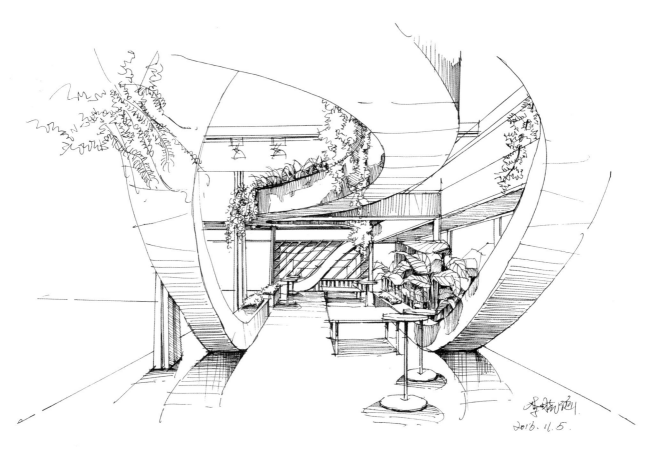

这是一个室内与景观相结合的空间。在植物表现的处理上，作者线条运用得非常自然，生动、流畅的曲线丰富了画面。设计上，将这种曲线的形式，穿插在空间当中，与植物相结合，表现上控制得非常恰当，主次分明、统一和谐。

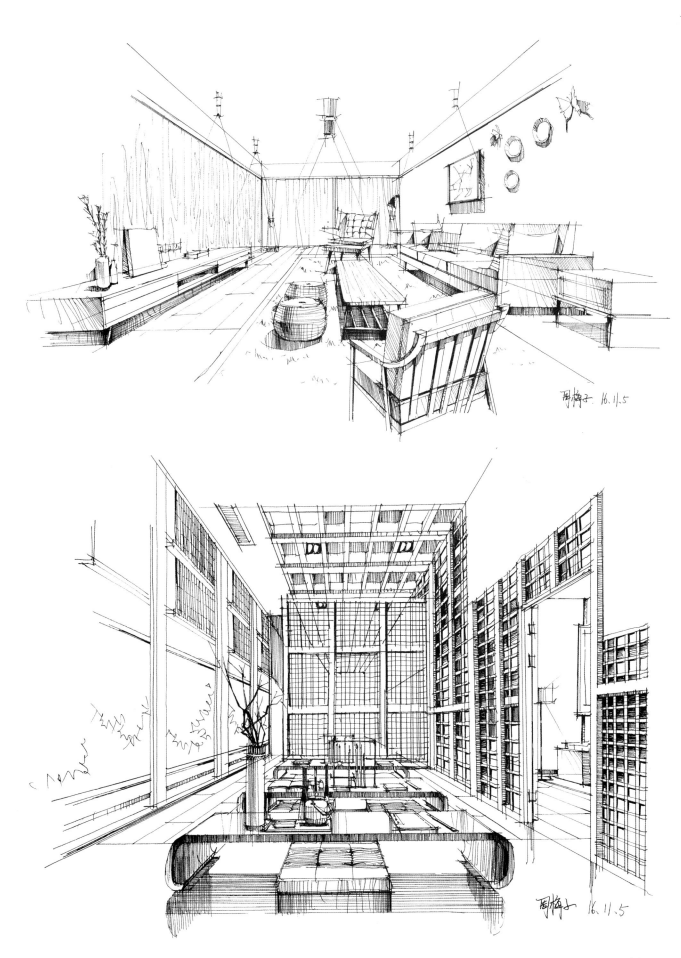

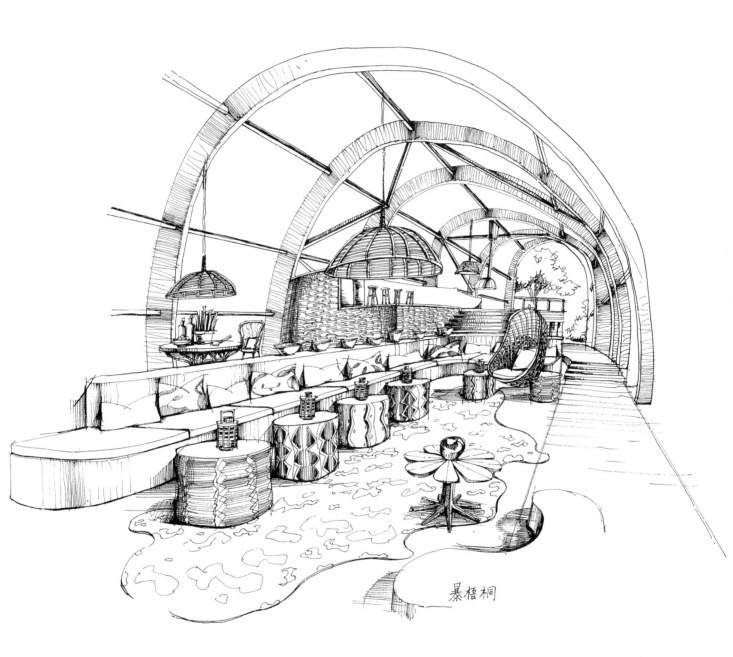

暴梧桐

这是一幅极有手绘表现功底的作品，作品中曲线的语言较多，形式较为复杂，是很难表现的，但作者把握得很好。作者采用活泼、富有动感的线条，表现出了空间的效果，是一幅较佳的手绘表现作品。

这是一幅中式客厅的表现效果作品，画面采用一点透视，运用中式中轴对称的关系来体现中式空间。但在内容上还是打破了一点透视中规中矩的形态，使得画面丰富，富有变化，具有生动的艺术效果。中式家具在表现上较为复杂，但作者对其的表现控制得很好，画面表现紧凑，构图非常稳定。

在颜色处理上，采用了统一的色调关系，留白处理得当，主次分明，营造了很好的空间氛围。

这是一幅室内家装卧室空间的表现作品。采用两点透视，表现卧室空间的一角。同时，采用室内人工照明的方式来烘托空间的氛围。颜色处理上运用高级灰的色素使画面艺术感极强，笔触运用明快、生动。在细节的处理上也使画面形成近实远虚的真实效果。

这幅作品的点睛之处在于对光的处理。把室外光源引入室内，运用留白处理来丰富空间、画面的层次变化。同时，画面中运用大量的排笔、破笔等笔触，使颜色的层次过渡自然、丰富，烘托出了室外环境对室内空间所形成的氛围。

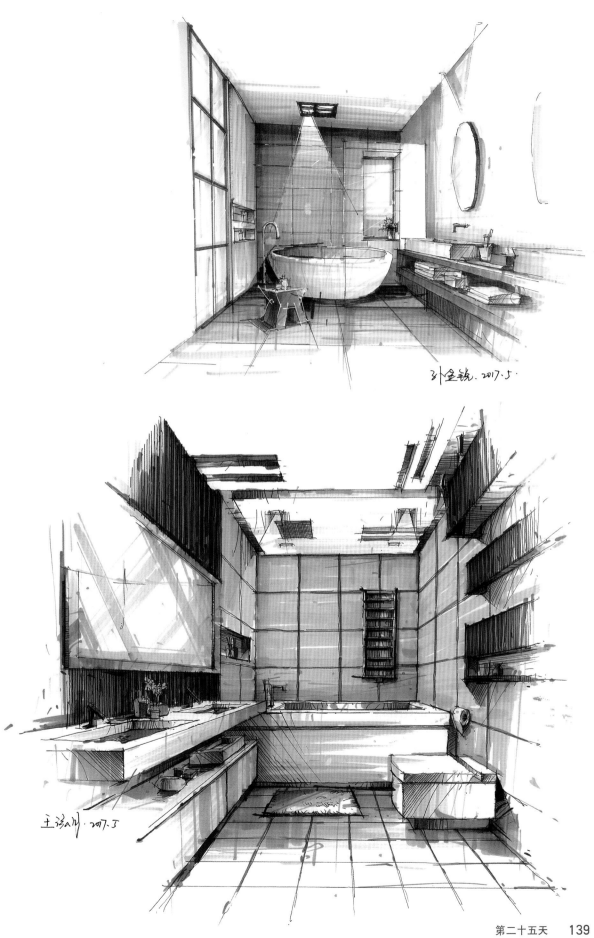

孙金铭. 2017. 5.

王涵川. 2017. 5.

这是一幅室内与室外衔接的阳台场景表现。为了表现阳台休闲区一角，空间中的植物和椅子作为空间的主要组成部分。砖墙的刻画比较真实、自然，并运用光源使墙面在处理上形成丰富变化，使其不单一死板，同时，比例和尺度把握得很好。